自我提升的45个法则

Game Changers

What Leaders, Innovators, and Mavericks Do to Win at Life

[美]戴夫·阿斯普雷(Dave Asprey) 著
杨洁玲 译

中信出版集团 | 北京

图书在版编目（CIP）数据

自我提升的45个法则 /（美）戴夫·阿斯普雷著；
杨洁玲译. -- 北京：中信出版社，2021.7
书名原文：Game Changers: What Leaders,
Innovators, and Mavericks Do to Win at Life
ISBN 978-7-5217-3156-9

I. ①自… II. ①戴… ②杨… III. ①成功心理－通
俗读物 IV. ①B848.4-49

中国版本图书馆CIP数据核字（2021）第096791号

自我提升的 45 个法则

著　　者：[美] 戴夫·阿斯普雷
译　　者：杨洁玲
出版发行：中信出版集团股份有限公司
（北京市朝阳区惠新东街甲4号富盛大厦2座　邮编　100029）
承 印 者：天津丰富彩艺印刷有限公司

开　　本：880mm × 1230mm　1/32　　印　　张：9.5　　字　　数：240千字
版　　次：2021年7月第1版　　印　　次：2021年7月第1次印刷
京权图字：01-2019-3303
书　　号：ISBN 978-7-5217-3156-9
定　　价：59.00元

感谢比尔·哈里斯，他是最仁慈、最善于改变规则的大脑黑客之一，能成为他的好友，是我的荣幸。遗憾的是，他在我撰写本书期间不幸辞世。

目录

序言 _ III

第一部分 **智力进阶篇** _ 001

第1章 抓住弱点不放只会让你更弱 _ 003

第2章 养成让大脑变聪明的习惯 _ 023

第3章 培养自我意识 _ 041

第4章 克服恐惧，跳出舒适区 _ 047

第5章 留一点儿时间给自己 _ 069

第二部分 **效率进阶篇** _ 085

第6章 建立良好的亲密关系 _ 087

第7章 睡得好才能干得好 _ 105

第 8 章　如何有效地锻炼身体 _ 125
第 9 章　如何才能吃得对 _ 141
第 10 章　从现在开始，行动起来 _ 167

第三部分　**幸福进阶篇** _ 187

第 11 章　快乐从何处来 _ 189
第 12 章　打造你的“关系网” _ 205
第 13 章　冥想让你的大脑更清醒 _ 219
第 14 章　在阳光下尽情玩耍吧 _ 235
第 15 章　保持一颗感恩的心 _ 251

后记 _ 271
致谢 _ 275
注释 _ 279

序言

和450名成功人士零距离接触，探寻他们高能人生背后的秘密，是一种什么体验？统计和分析他们的语录，我们会得到什么样的启示？

过去5年，我与多名杰出人士和业界翘楚进行了深度对话，本书就是基于我们之间的谈话内容和我整理的统计数据写成的。

下面是根据统计结果制作的一幅“文字地图”。字号越大表示它被杰出人士提及的次数越多，在他们心中的分量也越重。

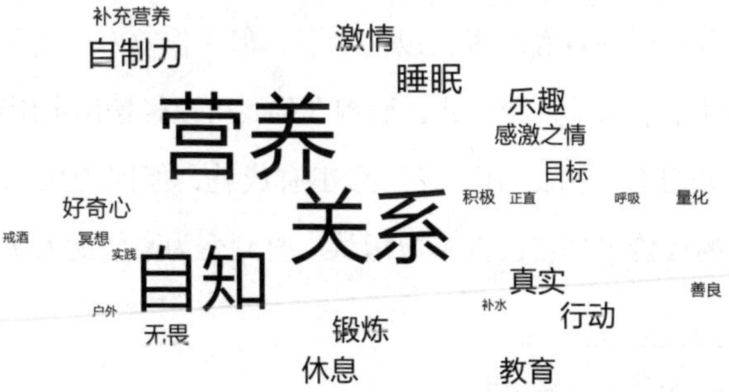

一切都要从我的播客“防弹电台”的成立说起，我想通过采访各行业的佼佼者来提升自己，他们往往也是各自领域的开拓者。防弹电台自开播以来就备受欢迎，在iTune（一款数字媒体播放应用程序）上的下载量高达7 500万次，排名稳居同类播客前列，并屡获殊荣。采访杰出人士的想法源于我对自身成长的渴望和探索。在过去的20年里，为了成为一个更棒的人，我用尽一切办法，花费几百万美元，只为找到简单而有效的自我提升方法。

我知道，我需要得到专业人士的帮助。

所以，我咨询了科学家、世界级运动员、生物化学家、创新型医学博士、营养专家、冥想导师、美国海豹突击队军官、个人事业的领跑者……这些卓尔不群的人都是我学习的榜样。在他们的成功经验的帮助下，我减重100磅①，解决了困扰我几十年的超重问题。我的智力和专注力都提高了，就像一直笼罩在我头上的浓雾消散了一样。而且，我在40多岁的年纪第一次练就了6块腹肌。我变得比以前更加淡定从容、勇往直前、心平气和，也比以前年轻了。我白手起家，创立了一家市值几百万美元的公司，写作了两本《纽约时报》畅销书，我还拥有美丽的妻子和两个可爱的孩子。

虽然我的运动量和睡眠比以前少了，但工作效率提高了。以前的我连做一件小事都觉得费劲儿，而现在的我可以轻松搞定困难的事。

在开始自我提升之前，我已经小有成就，但因为效能低下，我为此付出的代价大到自己都不敢承认。直到变为高效能人士后，我才

① 1磅≈0.45公斤。——编者注

知道提升空间竟然如此之大。高效能人士指能够掌控自己的身体和内心，并让两者协调运作的人。

过去，实现梦想和了解自我往往需要穷尽一生。现在，通过重塑我们的大脑和身体，以及借助新技术，这一切都变得更容易。只要有意愿，人人都有可能经历这种蜕变。作为亲身体验过这种蜕变的人，我迫不及待地想把我的经验分享给有需要的朋友。

我从2010年开始在播客上分享一些关于自我提升的方法。我常想，如果我在16岁或20岁甚至是30岁就知道这些方法，我的人生会不会迥然不同？我可能会少走些弯路、少花些冤枉钱，也会少受些苦。说句心里话，就算我的播客只有5个人看，但只要他们像我一样获得满意的结果，我就觉得自己的付出是值得的。

5年来，我一共采访了近500位杰出人士，他们的功绩深远地影响了人类社会。其中有些人家喻户晓，比如《心灵鸡汤》的作者、励志大师杰克·坎菲尔德，有“效率达人”之称的超级畅销书《每周工作4小时》的作者蒂莫西·费里斯，《赫芬顿邮报》网站创始人阿里安娜·赫芬顿，《男人来自火星，女人来自金星》的作者约翰·格雷。除此以外，还有新兴研究领域的大学学者、实施过伟大实验的科学家、心理学新领域的开创者、治愈不治之症的医生，以及作家、艺术家、企业家……他们颠覆了我对人生意义的认知。

他们都是改写游戏规则、超越局限、改变世界的人。能与这些行业领军人物零距离接触，挖掘他们的独到见解与发现，我备感荣幸。每当采访接近尾声时，我都会问嘉宾一个问题：“你是如何提升自己，取得今天的成就的？”我不问他们取得了哪些成就，也不问他们的成功故事，而是问他们提升自己并取得成功的方法。

每次采访，我还会问嘉宾一个问题："从你的自身经历来看，你最想给渴望提升自我的人哪三条建议？"这些建议不单单针对某个方面，而是适用于大多数人。每个人的目标各不相同，你也许想成为一个优秀的父母、艺术家、教师、冥想者、伴侣、科学家、朋友或企业家。

坦白说，用"精彩"二字不足以形容这些答案，它们有的在我意料之外，有的则在我意料之中。不过，直到我做完450多个采访，得到足够多的统计样本并进行分析后，它们的真正价值才会浮出水面。照搬别人的成功经验很容易，但它不一定适合你，因为你们是不同的个体，基因、家庭环境、成长经历和能力各不相同。

通过分析，这些杰出人士的建议大致可归纳为三条，即提升你的智力、效率和幸福感。他们的成功奥秘都在于，把提升自己的能力放在首位。

相比追名逐利，他们更热衷于做对世界有贡献和意义的事情，而不是把金钱、权力和其他身外之物放在第一位。然而，后者又是大部分人穷尽一生追逐的东西。这是为什么呢？

我的另一本书《大脑赋能术》讲过，人类的神经元是由一种生产能量的细胞器——线粒体组成的。不同于其他细胞器，线粒体较为原始，它的祖先是古菌，每个人的身体里都有数十亿个线粒体。线粒体存在的目的很简单，就是让人们活下去，这样它们才能不断繁殖。为了达到这个目的，它们"劫持"了我们的神经系统，驱动我们无意识地拥有所有生命（不管有无智力）都具备的三种本能。我把它们称为三个“F”：第一个“F”是恐惧（fear），即人总是本能地逃避、躲开那些威胁我们生存的东西或与之搏斗；第二个“F”是食物（food），我们会吃视线范围内的食物，这样才不会饿死，并有力气“恐惧”；第三个“F”则关乎物种的繁衍。

一只凶猛的老虎可以让你立即毙命，缺少食物的你可能最多存活一两个月，而不能繁殖则会导致一个物种在一代之内灭绝。线粒体操纵着我们的神经控制“面板”。你向困难妥协、暴饮暴食、费尽心思吸引他人的注意或赢得赞赏，都是因为线粒体“按下”了控制按钮。我们总是不由自主地向这些原始冲动投降，而不会停下来思考什么才能给我们带来真正的成功或幸福。如果我们不主动控制这些欲望，它们就会无情地使我们偏离既定轨道。

从这个角度看，你可能会觉得很悲哀，原来世俗意义上的成功不过是三种细菌行为。权力可以给你安全感，让你不再躲避令你害怕的东西或与之搏斗；金钱可以保证你衣食无忧；性吸引力可以增加你传宗接代的概率。

因此，大多数人的一生都在线粒体的驱使下追逐金钱、权力和性。作为一种简单的生命形式，线粒体每秒钟将这三种行为重复几百万次。也许单一线粒体的作用并不大，但当$1\,000^5$个线粒体同时发挥作用时，一个具备意识的复杂系统就形成了。这个“意识”有很多种叫法，“自我”（ego）应该是其中最广为人知的一个。“自我”是一种生物学现象，它源于人类与生俱来的本能。“自我”的目的是延长肉体存活的时间，并繁衍后代。先别急着沮丧，在你成功后，线粒体也会辅助你，为你提供能量。是的，它们很笨，但也很有用！

杰出人士不仅摆脱了“自我”（线粒体）的支配，还能主动管理线粒体生产的能量，从而超越和驾驭本能，实现自身乃至全人类的目标。这就是幸福感、满足感和成功的真正源泉。

人人都有各自的目标。本书不是要手把手地教你怎么实现你的目标，而是辅助你确定自己的人生目标，做到有的放矢、事半功倍。你可以借鉴这些成功人士的经验来确定你的人生目标，并从本书介绍的众多方法中选择最有助于实现你的目标的方法。

我把这些高效能人士的成功经验分解、凝练成多条切实可行的法则，罗列在本书中。这些法则聚焦于如何提升智力、效率和幸福感三个方面。如果你想达到最佳状态、超越极限和学会热爱生活，下面这三件事就是你需要关注的。

第一件事是提升智力。当你的大脑功能达到最佳状态时，凡事就会变得容易许多。仅仅在十几年前，大部分人还认为智力是无法后天提高的。现在，时代变了，你可以通过学习可视化技术来开发你的大脑，使其达到最佳状态。

第二件事是提升效率，这是人类不懈追求的目标。几十万年前，当人类还是居住在洞穴里的猿人时，只有那些生火速度更快的成员才能生存下来。一直以来，人类从未停下提升效率的步伐。

如果你能掌控自己的身体和思想，幸福感自然会随之而来，这就是幸福感被列为第三件事的原因。许多成功者都有一些提升专注力和幸福感的方法，比如，冥想和练习呼吸可以达到让人内心平静的效果。成功人士深知，在夜深人静的时候，无论你的智力和效率有多高，内心的平静与幸福感总是最重要的。如果你的内心不幸福，你注定会碌碌无为。这也是本书一直强调提升幸福感的原因。

当然，本书的所有法则环环相扣。比如，如果你的效率提高了，你就可以拿出更多精力放在工作上，你的生活会更加从容，你也会更加幸福。同样，通过呼吸练习增加进入你的大脑和肌肉的氧气量，可以迅速缓解你的身心压力，从而改变你感受和体验这个世界的方式，让你变得更幸福。

最后，当你改变了你的内部和周围环境后，你就能驾驭你的本能，而不会被它牵着鼻子走。想要成为最好的自己，你需要去设计你的内外环境，让一切都在你的掌控之中。本书将介绍45条用于改变你的生活的法则，并告诉你从何处着手。每次采访前我都要花8个小时做准备，450个采访就要花费3 600个小时，相当于两年的全职工作时间。

如果20年前的我得到本书介绍的这些建议就好了。如果我能早点儿知道这些法则，就可以少花冤枉钱、少做无用功。不过，我仍然感激自己的每一次努力，否则我就没有机会和大家分享我从中学到的东西了。

本书蕴含的智慧背后是成千上万个小时的学习和试验，是你在学校里学不到的，它们全部来自各行各业的佼佼者。在你的智力、效率和幸福感得到全面提升后，你的生活会发生怎样的改变？答案是，你将获得一种可以改变自己的人生甚至推动人类社会进步的力量。赶快行动起来吧！

第一部分

智力进阶篇

第 1 章　抓住弱点不放只会让你更弱

你可以将能量看作生理活动所需的燃料。用腿脚跑步需要消耗能量，用手臂举起东西也需要消耗能量。单位质量的大脑消耗的能量比身体其他部位都要多，因为大脑需要消耗大量能量来思考、集中注意力和做决策。

想要有效利用你的能量，关键在于把精力集中在你热爱且意义深远的事情上，而摆脱让你筋疲力尽的事情——既包括生理上的，也包括你在有意识或无意识状态下做出的选择。

在我采访过的成功人士中，有100多位提到，分清事情的轻重缓急和深耕自己的强项是最重要的两条建议。本章介绍的法则可以帮你保存脑力和提升效率，它们大大改善了我和许多成功人士的生活。只有专注于你自己的强项，不在无关紧要的事情上浪费时间，你才能有更多时间去做可以给你带来幸福感和对世界有意义的事情。

法则1 要懂得拒绝

> 每天有24个小时，你既可以用来做重要或不重要的事情，也可以用来迎接挑战，证明自身的价值。如何用最少的精力去做最重要的事情，这是一门需要掌握的艺术。要善于对不重要的事情说‘不’，少做无用的决定，这样才能腾出精力去做重要的事。

我在宾夕法尼亚大学沃顿商学院读MBA（工商管理硕士）时的教授斯图尔特·弗里德曼是我的采访对象之一。他让我明白自己把精力放错了地方，也让我重新认识了自己。斯图尔特除了担任教职外，还是福特汽车公司的重要高管之一，负责领导力培训。作为“全面领导力计划”的开创者，他提出了平衡生活与工作的理念，并培养出一批顶尖领导者。斯图尔特的观点被广泛引用，专业能力得到了国际社会的认可。《职业母亲》杂志评选其为美国最具影响力的25位男性之一，全球管理思想家排行榜评选其为“全球50大管理思想家”之一。他的著作《沃顿商学院自我管理课》改变了成千上万人的工作和生活方式。

斯图尔特在采访中提到，确定并坚持自己的目标至关重要，这是他在观察多名成功人士的生活后总结出来的经验。但是，要做到这一点并不那么简单。在日复一日的工作和生活中，有多少人会问自己真正想要的是什么？在对自己缺乏正确认知的情况下，如何能做出符合目标的决定呢？只有在你真正明白自己想要什么之后，你才能做出更加明智的判断，把注意力和精力放在重要的事情上。

为此，斯图尔特介绍了一种方法。想象一下，你在看完本书的20年后是什么样子？你过着怎样的生活？你身边有谁？你在做什么？你对世界有什么影响？把你想到的通通记下来。记住，这不是一份合同或行动计划，而是你内心深处憧憬的有可能实现的未来。有了这份蓝图，你就会知道自己该把精力放在哪里，而不是一味听从别人的安排，或者迷失在枯燥乏味、日复一日的工作中。

斯图尔特接着说，确定目标之后，第二步就要确定对你而言最重要的人是谁。斯图尔特表示，真正的领导者都会花时间问自己三个问题：对我最重要的人是谁？他们对我有何期待？我对他们又有何期待？想想生活中对你的世界观产生影响的人，他们也许就是对你而言最重要的人。

斯图尔特的话让我幡然醒悟，原来我一直把精力浪费在不重要的事情上。提升自我是我的核心价值观之一，但我一直忙于事业而没有行动。于是，从那以后，我决定每天做几件能让自己变得更好的事，更合理地分配我的时间和精力，专注于提升自我。

为了更好地提升自我，我找到了这方面的一位专家——托尼·斯塔布尔宾，他是Coach.me（一款健身工具类应用）的创始人，致力于让教练法（coaching）成为各界（如商业、教育和体育）人士提升自我的有效途径。

托尼每天会给自己制定一个“决策预算”，也就是说，他每天只允许自己做一定数量的决定，不论大小。因此，他早上做的决定会在很大程度上影响他当天的效率。如果他在上午使用了过多的决策预算，为了避免“决策超支”，他在当天剩下的时间里就会尽量避免做决定，哪怕是最简单的决定。

而在过去，他每天醒来的第一件事就是打开手机，查看他的社交媒体。从闹钟响起的那一刻，他的脑子里就塞了一大堆等着他回复和处理的事，所有这些都需要他做决策。应该先回复哪封邮件呢？要不要给某人的帖子点赞？要不要点击朋友发给他的网址链接？久而久之，托尼发现，他还没开始做正事，“决策预算”就已经用光了。

托尼意识到，作为公司的首席执行官，他的头等大事就是做决策，尤其是对机遇的抉择。于是，托尼决定建立健康的决策习惯。如今，他会以清醒的头脑迎接每一天的到来，冥想成为他每天醒来后做的第一件事。随后，托尼会列出当天的重要待办事项清单。但坚持了一段时间后，他发现清单上的有些事情并不像他之前想的那样重要。

他越明白自己做什么才能让事情朝着正确的方向发展，他就越能迅速地做出明智的决定。最终，他对自己和公司均了如指掌。决策机遇来临之时，他无须花时间和别人商讨，就能果断地做出正确的决策。而对于他认为无用的机会，他则会毫不犹豫地拒绝。

要达到这种境界并非易事。所以，你需要一名教练，他可以帮你找出妨碍你进步的坏习惯。杰夫·斯宾塞是我的教练，他曾连续9年担任环法自行车赛参赛车队（包括冠军车队）的首席教练，后来转型为企业家教练。一名好教练可以帮你发现你在无意中浪费了多少精力，并预测接下来你会在哪些方面浪费精力，进而帮你做出调整。

托尼的“决策预算”法与我一直以来推崇的一项研究结果可谓殊

途同归。2010年，以色列研究人员就法官对罪犯的假释申请审批行为进行了研究。[1]他们历时10个月查阅了1 000余场假释听证会后发现，法官的裁决结果与做出裁决的时间之间存在着密切的联系。如果听证会是在清晨举行的，那么法官做出有利裁决的可能性在65%左右。随着时间的推移，法官做出有利裁决的概率会稳步下降直至零，午餐后又会明显增加至65%。而且，这一变化趋势不会因为罪犯的犯罪类型、受教育程度、在狱中的表现等有所不同。

为什么会这样呢？调查发现，法官在考虑是否批准罪犯的假释申请时，同样会受到“决策预算”（意志力）的限制。意志力似乎只是一个抽象概念，有些人意志力强大，有些人意志力薄弱。那么，意志力是天生的吗？答案是否定的。实际上，意志力就像肌肉一样，可以通过后天的锻炼变得强大。不过，正如过度使用肌肉会令你感到疲惫一样，频繁使用意志力也会让你感到疲惫。当意志力薄弱时，你就会在不知不觉中做出错误的决定。

“意志力肌肉”的部分工作原理主要建立在我们对前扣带回皮质的理解的基础之上，前扣带回皮质是人脑中位于太阳穴旁的一个C形区域。科学家认为，前扣带回皮质是负责控制意志力的脑区。每天清晨是你精力最充沛的时候，前扣带回皮质就像一个资金充足的银行账户。随着你做出一个又一个决定，前扣带回皮质里的能量就会逐渐减少。当你为早上该穿什么和早餐该吃什么而犹豫不决时，你正在“支出余额”。当法官考虑是否批准罪犯的保释申请时，艰难的决策过程会加快“余额”减少的速度。如果把“余额”都花在琐碎的决定上，前扣带回皮质的反应能力就会降低，意志力会变得薄弱，你也会做出错误的决定。

我们将这种决策越多判断力越差的现象称为“决策疲劳”。聪明的商家深谙此道多年，你有没有想过为什么商店的收银台前总摆放着包装精美的糖果？其实，随着你在购物过程中做出一个又一个决定，你的精力逐渐耗尽，等到结账时你就会产生决策疲劳，急需糖分来补充大脑能量。此时，你看着出现在眼前的诱人糖果，就会产生强烈的购买欲望。

法官自然也不例外。经过一天的听审，他们早已疲惫不堪，前扣带回皮质的能量所剩无几。此时对他们来说，做出拒绝假释申请的决定更容易。这也可以解释为什么法官在午餐后批准保释申请的概率比下午的其他时间要大，可能是因为午餐补充了前扣带回皮质的能量。

也许有人会问，午餐吃些什么重要吗？应该这样说，只有可持续供应能量的午餐才有助于决策。你摄入的食物的确会影响你的意志力，不过，减少做毫无意义的决定远比改变饮食习惯容易。

了解到决策疲劳的存在后，你就会有意识地把重要的决定放在早上做！而且，你可以通过增加前扣带回皮质中储存的能量和尽量避免做无用决定来保存精力。

你可以通过锻炼身体肌肉来锻炼你的“意志力肌肉”，比如强迫自己做你不喜欢做的难事。我采取的一个简单方法是，在桌上放一个重载手握式弹簧拉力器，可以随时抓起来练习，直到肌肉产生燃烧感。我的另一个方法是屏息法，就是憋住一口气直到肺部实在受不了了。一旦你做到了自己不想做的事情，其他事情在你看来就变得容易多了。与此同时，你的意志力也会增强。切记，不要在做出重大决定时锻炼意志力，也不要在重要会议或演讲前消耗意志力。

一些成功者发现，仅做到第一点（尽可能少做决定），就可以使思维变得更加清晰。每少做一个决定，你就可以节省一点儿精力，以便将其用到更加重要的事情上。许多高效能人士都有固定的日常习惯，这样可以极大地节约思考的时间，实现专注力和精力的最大化。

高效能人士一般都有固定的饮食和穿着习惯。比如，乔布斯的装束一直是黑色高领衫搭配新百伦运动鞋，马克·扎克伯格的衣橱里有10件一模一样的T恤。如果你每天都穿着一样的衣服，就不用为穿什么伤脑筋了。别小看这个习惯，它可以帮你节省不少精力，这样你就会有更多精力去做更有意义的事情。

当然，男性一般比女性更容易做到这一点。如果你做不到像乔布斯那样穿搭，不妨试试“胶囊衣橱”。具体来说，你需要挑选中性颜色（如灰色和海军蓝）的上衣、下衣、外套和鞋子各三四件（双），即使闭着眼睛穿搭这些衣服也有不错的效果，就算大功告成了。然后，把其他衣物舍弃掉，你的衣橱里最终只留下大约20件衣物。当然，你也可以保留几件在社交活动和正式场合穿的衣物，毕竟胶囊衣橱只是为了帮你节省平日穿搭衣物的时间。

同样地，还有“胶囊菜谱”，即循环往复地吃几道菜。想出五六道你会做且家人爱吃的菜，然后每天轮换着做，这样就无须为每天买什么菜做什么饭而烦恼了。吃腻了怎么办？更换成其他菜即可。以上几种方法都可以帮你节省不少精力和时间，我建议你把这些精力时间花在有意义的事情上。如果你还不知道怎么做，不妨试试下面的练习。

推荐练习

1. 深吸一口气后憋住，等到快憋不住时默数8秒再换气（不要在开车或身体不适时做这个练习）。
2. 用笔写下或在脑海中回忆你当周做过的决定，然后问自己两个问题：
    - 这些决定重要吗？
    - 有哪些决定是没有必要的？（比如，哪些是可以略过、变成固定习惯或请人代劳的决定。）
3. 在下方横线上写下两个你认为毫无意义的日常决定。
    - 无意义的日常决定1

      ____

    - 无意义的日常决定2

      ____

4. 从现在开始，不要再做这些决定了。
5. 审视一下你每天的早餐，你能把它固定下来吗？如果可以，你打算如何制订每天的早餐计划？按照这个计划执行一个星期。
6. 打开你的衣橱，把最容易穿搭的衣物摆放到最前面，这样可以节省你的日常穿搭时间。如果你喜欢上这种方法，可以进一步试试“胶囊衣橱”法。
7. 给自己聘请一位经验丰富的能力提升教练。

法则2　不要让别人给你下定义

> 如果你想改变世界，施展自己的才能，就要牢牢握住自己人生的方向盘。只有你才能定义你自己，如果你放弃这项权利并且过分在意别人的看法，就会掉入痛苦的深渊，无所作为。你要主动发现你热爱的事情，活成你想要的模样。活在别人的眼光里和主动发现真实的自己，意味着截然不同的两种人生。平庸痛苦或自由热情地过一生，就在你的一念之间。

布兰登·伯查德是高效能学院的创始人，他的著作曾荣登《纽约时报》畅销书排行榜榜首，如《能力都是逼出来的》《充电：激活十大内驱力，重返活力人生》《专业化生存：在你擅长的领域成为专家》。他的培训工作帮助全球数百万人在商业、营销或个人发展领域取得了期望的结果。他一手创办的高效能学院和“全世界最伟大的演讲培训”等项目，激励了包括我在内的许多人。所以，他成了我采访的目标对象。

让我没想到的是，与布兰登的预约见面比我想象的要容易许多，这在很大程度上是因为他非常善于管理时间。可以说，他是我认识的成功人士中空闲时间最多的人之一，这也是他追求的目标。

布兰登认为，追求个人自由是人类的主要动机，它是一种充分表达自我和去做有意义之事的能力。然而，在通往个人自由的路上，我们往往会遇到两块“绊脚石”。一是自我压迫，即我们总是倾向于贬低自己；二是社会压迫，即生活中总是不乏对我们评头论足，却对我们实现人生目标毫无帮助的人。布兰登认为，运用他的“能力–信心循环法则”就可以克服这两大障碍。你对一件事越了解，就会越有信心，也越发不会在意别人的看法。

布兰登的策略和斯图尔特·弗里德曼的建议都强调了自我了解的重要性。但布兰登主张人们应该积极探索内心的真实愿望，而不是只着眼于最保险的目标。他建议可以写下三个最能代表你的词，换句话说，你最希望听到别人如何评价你。敬业、有感恩之心、精力充沛、热情、充满爱心、全情投入、有影响力是我从成功人士口中听到次数最多的词，你可以从中选择三个能引起你共鸣的词，以此提醒你要成为这样的人。

漫无目的容易让人产生自我怀疑，但如果你每天都提醒自己想成为什么样的人，你就会逐渐相信自己就是这样一个人。这个过程会带来良性循环，通过做你想成为的那种人会做的事情，就可以产生你想要的积极情绪。布兰登认为，行之有效的方法是：先确定你想成为什么样的人，再想想如何才能成为这样的人，之后有意识地付诸行动。也就是说，当你可以自主决定“你是谁”而不是由别人来定义“你是谁”的时候，你就会变得强大。

罗伯特·格林是《纽约时报》畅销书作家，他的作品包括《权力的48条法则》《诱惑的艺术》《战争的33条战略》《专精力》，以及他和美国说唱歌手、企业家兼投资人“五角”合著的《第50条定律》。格林在商业领域拥有庞大的粉丝群，在华盛顿特区也有强大的号召力，他的著作还受到战争史学家、知名音乐人士等的一致好评。

罗伯特改变过我的职业生涯，这也是我采访他的原因。20多年前，我参与创办了最早为谷歌提供服务器的公司之一。当时，我常和年龄长我一倍、经验比我丰富百倍的人一起开董事会。身为一名理性的工程师，我并不理解身边那些高管的做法，并且认为他们的决策毫无意义。

一个偶然的机会，我阅读了《权力的48条法则》。这本书收录了不同历史时期的创业、守业故事，还别具匠心地把故事中的宝贵经验提炼成一条条切实可行的"法则"。看完这本书的一个星期后，当我又一次参加董事会议时，我不再觉得那些高管的做法很疯狂，反而很钦佩他们。因为我明白了，我遵循的是工程师的规则，而他们遵循的是权力的规则。

这本书教会我如何站在一个新的高度上做事，如何在风投公司工作，如何集资，如何与有权势的人共事，以及如何做好我每天都在做的事。不仅如此，它还教会我如何以下棋者的心态去看待事情。可以说，没有这本书，就没有现在的我。

在采访中，我问罗伯特如何看待"做自己"这件事。他回答说，其实大多数人都知道自己想成为什么样的人，只不过他们忘记了。他说，我们可能早在孩童时期就知道自己想要什么了，比如，你从3岁开始喜欢的东西就是你的原始倾向，也是你不可忽视的先天优势。每个人都是独一无二的存在，无论过去或将来，都不会有人拥有跟你一样的分子或遗传密码。罗伯特说，当你学习令你兴奋的东西时，大脑的学习速度就会加快；而当你学习你不感兴趣的东西时，大脑的学习效率则只有主动学习时的1/10。

在选择职业方面，大多数人都选择听从父母或朋友的建议，而较少倾听自己内心的想法。虽然这样做你可能也会有不错的职业发展前景，但你永远都无法精通你不喜欢做的事情，因为你很难达到最优学习效率。罗伯特说，如果每个人都能发现他真正热爱的事情，并把主要时间和精力都投入到这件事上，就会逐渐精通这件事。在这一点上，我可以证明他是对的。

做自己擅长的事情非常重要，如果我早知道这一点就好了。刚工作的时候，我对项目管理一窍不通，却立志成为一名称职的项目经理。为了这个目标，我没日没夜地工作，却业绩平平。这份工作让我心力交瘁，也违背了我的天性，我为此懊恼不已。于是，我退出了微软项目。

在沃顿商学院学习期间，我吸取了这个教训，没有像其他人一样定下考全A的目标。从一开始我就决定不在自己不喜欢的科目上浪费太多时间，只求及格，这样我就可以腾出更多精力攻读我感兴趣的科目了。最后，虽然我有几门功课只拿到了“D”（意料之中），但这并不妨碍我拿到MBA学位，我内心也毫无挫败感。我觉得，专攻自己喜欢的东西比花时间在我不喜欢的事情上更有利于我的事业发展。

在战略培训公司的传奇企业家丹·沙利文的指导下，我学会了如何把所有事情划分成三类：第一类是纯属浪费精力的事情，第二类是我不感兴趣但重要或有用的事情，第三类是能带给我活力和幸福感的事情。我要做的就是尽量避免第一类事情，花10%的时间做第二类事情，然后把剩下的时间全部投入到第三类事情（罗伯特·格林所谓的原始倾向）上。当我发现自己偏离目标过远时，我就会重新调整自己的行为。

也许你一时间还做不到这一点，毕竟在现实生活中，大多数人都把他们的大部分时间花在第一类事情上。不过，你可以先通过“能力–信心循环法则”确定你想成为什么样的人，然后控制自己把精力放在你的原始倾向上，以及尽量少做第一类事情。

推荐练习

1. 用三个词来描述你理想中的自己。把它们写在你每天都能看到的地方，不断地提醒你想成为什么样的人。请把这三个词写在下方的横线上。

____

____

____

2. 确定你的原始倾向，即你忍不住想去学或你热爱的事情。

____

3. 在下方横线上依次写下你花在讨厌之事、不感兴趣之事和能点燃你的激情之事上的时间。

- 你花在讨厌之事上的时间：______________
- 你花在不感兴趣之事上的时间：______________
- 你花在能点燃你激情之事（包括原始倾向）上的时间：______

4. 按照0：10：90的比率去分配你花在以上三类事情上的时间。

法则 3　不要再说“我试试看吧”

> 无论对你说话的对象还是你的神经系统来说，你所说的话比你所想的重要得多。语言会限制你的行为，并在很大程度上决定你的命运。你无意中说出的丧气话不仅暴露了你的不自信，也难以让别人对你产生信任感。成功者会使用充满正能量的语言来获取他人的信任，打破自我强迫的束缚。所以，从今天开始，不要再说‘我试试看吧’这句话了！

知名健康专家维珍是我的好友，她是《纽约时报》畅销书作者，在营养学领域成绩斐然。不仅如此，她还引领多位有创新精神的医学专家运用专业知识去帮助有需要的人。几年前，维珍10多岁的儿子格兰特在去朋友家的途中不幸被汽车撞倒，肇事司机逃逸，格兰特一度生命垂危。医生告诉维珍，格兰特需要做的心脏手术风险很大，把他空运至唯一一家有能力做该手术的医院可能会导致格兰特的大脑出血，不值得冒险。医生还说，格兰特的心脏和大脑只能保全其中一个。

维珍是一个称职的母亲，也是一个不轻易屈服的人，她一次次地说服格兰特的医生，最终在她的悉心照料下格兰特转危为安。手术后，他不仅从昏迷中苏醒过来（医生曾断言他的苏醒概率为零），而且存活得很好，他又能读书、走路和跑步了。维珍认为，格兰特的康复取决于许多因素，包括先进的医疗技术、充足的营养和医术精湛的外科医生。但是，她觉得有一样东西对格兰特的康复起到了至关重要的作用，那就是语言的力量。

即使在格兰特处于昏迷状态、医生认为他听不到外界声音的时候，维珍也从未在格兰特面前流露出一丝他不能康复的意思，她也不允许医生或护士这样说。她知道，人体可以微妙地接收外界的声音。所以，她在格兰特的床边一遍遍地告诉他，他会以极快的速度恢复健康。一次，有位医生告诉维珍："如果他能醒来，我们将会尽最大努力帮他恢复行走能力……"医生的话还没说完，维珍就赶紧把医生带离格兰特的身边，因为她不想让格兰特听到任何说他可能醒不过来或无法走路的话。

果然，在格兰特苏醒后，他坚信自己会以极快的速度康复，也从未想过自己或许再也不能走路了。我对维珍的观点（语言的力量是格兰特奇迹般康复的关键因素）深信不疑。语言确实蕴藏着巨大的力量，它会在无形中约束或限制你的行为，并向你的大脑乃至身体传递信息，告诉它们你有多大的能力。语言是大脑思维的一部分，有效地利用它可以帮助我们取得优异的表现。

世界上恐怕少有人比《心灵鸡汤》的作者杰克·坎菲尔德更了解语言的力量了。在《成功法则》一书中，他揭示了许多杰出人士的成功背后的秘密。当被问到语言如何影响成功时，杰克列举了一些成功人士绝对不能说的"限制性话语"，我听后大吃一惊，因为我自己也说过这些禁忌之语。

比如，在神经反馈的训练中，虽然我的注意力高度集中，但我仍会下意识地说出一些给自己设限的话。在我的潜意识里，我倾向于把一些不太重要的事情看得很重要，并习惯性地说一些给自己留有余地的话，以逃避某些重要的事情。

我把这些限制性话语统称为“推托之词”。“我公司的人都知道，如果开会时有人为了逃避责任而说出推托之词，我就会点那个人的名字。”杰克说。他在办公室里摆了一个空鱼缸，每当团队里有人说了推托之词，那个人就不得不往鱼缸里放两美元。他表示，这样做的目的不是惩罚，而是想让那个人知道说推托之词是要付出代价的。清楚的言辞意味着清晰的思考和执行能力，定期审视和分析自己说过的话，可以防止我们无意识地限制自己的表现。

下面是日常生活中你可能经常脱口而出的4个推托之词。

推托之词一：“做不到”

杰克和我都把这个推托之词排在首位，它可能是杀伤力最大的日常用语。当你说你做不到某件事的时候，你的言外之意是，你绝对办不到这件事。它会在无形中掠夺你的能量，扼杀你的创新思维。当你说你“做不到”的时候，你内心的真实想法不外乎以下4种：一是你能做到，但需要一些帮助；二是你不具备做这件事必需的工具；三是你不知道该怎么做；四是你不想做。又或者，这件事从来没有人做成过，所以你认为自己也做不到。其实，只要有足够的资源和解决问题的创造力，就没有什么事是做不到的。

大脑在有意识的状态下可以清楚地分辨“做不到”的真正意思，

而在无意识状态下则无法分辨。当大脑的这两个部分的理解不一致时，就会造成意识混乱和压力。因此，你应该尽量使用表面意思和真实意思相同的言辞，久而久之你就会变得更加冷静和强大。别人也会有意识或无意识地听到你说的话，当你更加审慎地运用语言时，别人也会更加信任你。

在撰写本书的过程中，我将这一法则付诸了实践。有一次，我要乘机去纽约录制《奥兹医生秀》，我在飞机起飞前59分钟赶到了机场。虽然我事先在网上办理了登机手续，但因为没有打印好登机牌而过不了安检。美联航登机口的地勤人员怎么都不肯帮我打印登机牌，并对我说"你今天飞不了了"。听到这句话，我的第一反应是她在撒谎。于是，我从另一家航空公司购买了一张最便宜的机票，并拜托他们帮我打印登机牌，最终我成功地通过了安检，搭上了原定的航班。当我走到美联航登机口，看到那名为难我的地勤人员满脸难以置信的表情时，我感觉棒极了！最重要的是，我没有错过节目的录制。

"做不到"通常只是一个借口，如果你这样看待它，就可以从不同的角度解决问题。你可以尝试一个星期内有意识地不说"做不到"这个推托之词，以前我可能会说"你肯定做不到"，不过现在的我会说"我敢和你打赌，没有练习过的话你很难做到"。

推托之词二："需要/要"

这个词经常出现在父母和孩子的对话里，比如，"要出门了，要加件外套"。实际上，你不一定要出门，也不一定要加件外套。当你告诉你的原始系统你需要某个东西时，就会把对这个东西的渴望上升到生存的高度。在深层次上，你的原始大脑认为如果得不到你“需要”的东西你就会死亡，虽然你的意识更清楚事实并非如此。

当然，你也有可能在其他场合使用这个词。“我要吃零食”“我要买件新外套”。其实，这些东西你通通不需要。向大脑传递错误的需求信息，只会让你的能力变得越来越弱。一个残酷的事实是，每个人真正需要的东西屈指可数。我们需要每分钟呼吸几次氧气、每天喝几次水、每天进食几次，我们需要一个遮风挡雨的地方、让身体保持温暖。除此以外，其他大多都是欲望。只有当你百分百确定你需要某个东西时，你才能允许自己说“要”，其他时候你可以视实际情况用其他词来代替“要”，比如，“我想……”“我选择……”“我决定……”。

如果你是一名管理者，这一点就显得尤为重要。人在处于压力状态时，往往无法正常发挥和做出明智的决定。所以，作为管理者，你要激励你的下属扬长避短。我不会对我的团队说“一定要在最后期限前完成任务”之类的话，而会说“这个任务很重要，大家一起加油干！有什么需要我帮忙的地方吗？”。也就是说，即使不能在最后期限前完成任务，我们也可以坦诚地沟通。

尝试一个星期不说“要”，除非万不得已。稍有放松，你就会很容易说出这个推托之词。举个例子，你说：“我们要走了，再不走那家店就关门了。”即使有这样的限制性条件，这仍然是一种限制性思维，它限制了你解决问题的创造力。

推托之词三："不好"

很少有什么在本质上是"不好"的，大多数情况下，"不好"只是你对事物的主观判断。我们之所以会给某些事物贴上"不好"的标签，是我们的潜意识为即将到来的厄运做准备。大多数时候，当你说某个东西不好时，其实你只是不喜欢或不想要这个东西。当你抱怨"不好，下雨了，野餐计划要泡汤了"时，你不如换个角度看问题，到餐厅吃饭也不错，至少不会碰到讨厌的蚂蚁。所以，下雨真的是一件不好的事情吗？并不是。

我们也很喜欢用"不好"来评价食物，这带来了一些问题。对于同一种食物，有些人觉得味道还可以，另一些人则觉得不好吃。其实，食物没有好坏之分，吃它们的人也没有好坏之分。世界并不是非黑即白的，当然，也存在一些真正不好的事情，比如暴力和自然灾害。但在日常生活中，用好或坏的标准来评判事物会限制我们的思维。当你给某个事物贴上"不好"的标签时，你也就失去了发现它的美好一面的机会。

推托之词四："试着"

"试着"这个词含有失败的意味。想象一下，如果有人对你说"我会试着去机场接你"，那么你会指望他去接你吗？不会，因为你知道他很可能不会去。但如果他说"我会去机场接你"，你就可以选择相信他。当你对自己说"我会试着节食，我会试着读那本书"的时候，其实你心知肚明你不会真的这样做。

杰克曾在一次鼓舞人心的主题演讲中，向听众展示了“试着”一词的影响力。他让听众在膝盖上随便放件东西（如笔记本、钢笔等），再把它举起来。在听众按照他的话把东西举起又放下后，他接着说：“现在，试着再次把它举起来。”一开始，所有人都一动不动，脸上还露出了困惑的表情。过了一会儿，有几个人开始举起膝盖上的物品，但显得比第一次费力，仿佛这个东西变重了。这是因为当我们听到“试着”一词的时候，就会觉得“试着”去做的这件事可能是我们做不到的，它给我们的大脑提供了一个逃避的借口。

提升自我能力的关键在于激发出大脑的潜能，而不是给自己的失败找借口。这并不意味着你必须做所有应该做的事情。如果你认为某件事不能最大化地利用你的时间和精力，那么你可以诚实地说“不”。一旦你选择做一件事，就必须全力以赴。正如尤达大师所说，“没有试一试，只有做和不做。”

推荐练习

请你的同事和家人在你说推托之词时提醒你，每说一次就往罐子里放一美元，然后把这些钱捐给慈善机构（或作为办公室咖啡基金）。

第 2 章　养成让大脑变聪明的习惯

过去，医生和科学家常常认为智商、专注力、学习能力都是天生的，后天无法改变。直到20世纪末，科学家才了解到神经可塑性的概念，即大脑在人的一生中都能长出新细胞并建立新的神经连接。

利用这些新细胞和新建立的神经连接，我们可以培养新习惯，建立新信念，以及提高学习和记忆能力。换句话说，如果你认为自己不够聪明或不够好，这些都没关系，因为你可以通过后天的努力来提升自己的智力和能力。

我的大多数采访嘉宾都认为，培养良好的习惯和自律能力是提升自我的最佳途径之一。他们认为，你的习惯和你每天做的事情会在很大程度上决定你是谁，以及你能做什么。

然而，养成新习惯并不像下决心那么简单。要把行为转变成不假思索的习惯，你必须在大脑中创建新的神经网络。因此，所有能最大限度地提高你建立这些连接的能力的事，都会帮助你把有利于你表现的习惯培养起来。习惯之所以有效，是因为它们为我们做重要的事情腾出了精力。本章强调的新习惯和新策略将会帮助你改变错误的信念，提高学习和记忆效率，为你的大脑和生活腾出空间，从而让你更快、更容易地实现目标。

法则4　不要让错误的想法成真

> “你的信念和想法塑造了你对现实的内在模型。如果这个模型是错误的，你就会养成坏习惯，做出不符合预期的决定，生活也会不如意。灵活的大脑可以帮助你收集更多关于现实的数据及时调整你的内在模型。你需要训练你的头脑，养成质疑你对现实的假设的习惯，这样才能提升自我。”

维申·拉克雅礼拥有20多年的冥想教学经验，也是一名慈善家。在畅销书《生而不凡：迈向卓越的10个颠覆性思维》中，维申向读者介绍了通过优化大脑获得最大幸福感和最佳表现的方法。

在采访中，维申跟我分享了他的一个故事，主要是关于他曾经深信不疑的一个错误观念。维申拥有东南亚血统，从小在亚洲长大。小时候的他看起来和其他孩子不太一样，比如他的鼻子比班里的大多数同学都要大，胳膊和腿上的汗毛也更多，因此有了“勾鼻子”和“猩猩腿”的绰号。维申把大脑比喻成一个“意义匹配机器”，和其他孩子一样，他也试图用大脑理解周围的世界，但他得到的答案是他长得不好看，这种观念伴随他多年。

维申把这种观念比作“硬件”，在我们7岁以前通常已经被灌输了这些想法，就像安装在计算机中的硬件一样，是我们无法选择的。如果我们从不质疑它们，而认为它们是理所当然的，它们就会对我们的生活产生破坏性的影响。观念会告诉你你有多重要、你有多大能力，以及你在社会中扮演的角色等。当观念受到限制时，它们将会极大地削弱我们的潜力。问题是，我们把观念当作真实存在的东西，如果你不去质疑它们，就会认为它们是真实的。

不过，我告诉你一个好消息：就像你可以升级计算机硬件一样，一旦你意识到你的观念是不真实的，你也可以升级你的观念。在维申的书中，他教给我们一种系统化的学习和人类发展模式，他称之为“意识工程”。意识工程的第一步是，认识到你的观念并不是真实的，它们只是很久以前安装在你体内的硬件，你可以对它们进行升级换代。

神经可塑性表明，我们可以用一种能更好地服务于自身的观念来取代消极或有局限性的观念。维申指出，改变观念将给你的生活带来翻天覆地的变化。比如，当维申摆脱了“他长得不好看”的错误观念后，他的生活和人际关系都迅速得到了改善。

如果你想把自己从1.0版升级到2.0版，打破固有的局限性思维对你而言就变得很重要，但这并不容易做到。人甚至会在无意识状态下，一直秉持着局限性观念。我们对这些观念信以为真，很少去怀疑它们的真实性，以为它们就是事物本来的样子。维申建议我们采用催眠或冥想等方法，在清醒状态下意识到自己的观念，之后再有意识地改变它们。

高效能人士专注于认识他们的局限性思维并做出改变，他们知道，无论这些观念是否基于现实，它们都有可能成为现实。帮助人们发现和纠正局限性思维，是人生导师或企业导师的主要职责之一。比如，如果你在演讲前告诉自己今天是一个幸运的日子，那么你会更有信心，在演讲中也会发挥得更好。这就像类固醇的安慰剂效应。

在练习冥想的时候，我会告诉我的神经系统，我认为当下的一切都是最好的安排，这些观念是不是真实的并不重要，我只希望我的神经系统相信这些观念是真实的，进而自动辅助我达成目标。

积极的观念的确有助于我们取得成功。如果你觉得自己很成功，你的大脑就会对此信以为真，并做出积极的反馈。相反，如果你觉得自己碌碌无为，大脑就会做出消极的反馈。宾夕法尼亚大学的马丁·塞利格曼博士及其同事对100多万名参与者进行了长达30年的研究，结果发现，乐观的预期是取得成功的一个重要因素。[1]当销售人员相信他们能做成一笔交易时，他们的成功率就会比悲观的同行高出55%。你的观念会直接影响你努力的结果，所以你必须改变自己的消极观念，这样才能发挥你的潜力，或者突破你目前对自己潜力的认知。

意识工程的第二步是升级你的生活系统，简单来说就是你的习惯。维申称，习惯好像手机上的应用程序，涉及饮食、日常锻炼、睡眠卫生等，贯穿了你的日常生活。他建议，你可以通过观察杰出人士的好习惯来优化你自己的系统……就像你在读本书时所做的一样！

为了进一步了解如何轻松地养成新习惯，我采访了神经学家、《纽约时报》畅销书作者罗伯特·库珀。罗伯特将两个看似完全不相干的领域——神经科学和商业战略——有效地结合起来，帮助精英人士和顶级领导者充分开发大脑、利用时间和提高表现。

罗伯特指出，人类大脑中的“代码”来自2 000年前的世界。所以，你可以忽略这套已经过时的“程序”，拥抱最好的希冀。或者你也可以升级你的大脑，给它重新编程（或重新建立神经连接），让它和今天的世界相兼容。

我们总是本能地按照惯性思维做事，这在日常生活中的确有帮助。比如，你每天会不假思索地驾车行驶在相同的通勤路线上。但是，不断重复这种自动的行为会扼杀你的创新思维。罗伯特把这种惯性思维称为“硬线路”，而“活线路”代表成长和改变的能力，即神经可塑性。

罗伯特指出，即使你遵循的是“硬线路”，你的大脑也在时时刻刻发生着变化。那么，问题来了：你在朝哪个方向改变？当你进入默认模式时，你就像一个被习惯操控的傀儡，如果看到你喜欢的座位被别人占了，就会大发脾气，这时候的你正在走“下坡路”。随着年龄的增长，很多人都会走下坡路，但它不是人生的必经之路。当你开始追求新的可能性，希望自己变得更好时，你正在走“上坡路”。

提升表现的关键在于，将精力集中在“上坡路”而不是“下坡路”。但是，走“下坡路”是大脑的本能，因为这可以节省精力。大脑喜欢重复做过的事情，并让你保持现状，这就是为什么大多数人都愿意安于现状。从很多方面来说，大脑是一个惧怕改变的器官，所以升级大脑需要付出更多的努力和冒更大的风险。你要让你的大脑远离舒适的默认模式，引导它做出有意识的选择，从而帮助你获得成长。

为了做到这一点，罗伯特鼓励你找出规避自动反应的时刻，许多正念专家将该时刻称为“超时刻”，即触发和产生反应之间的一小段时间。比如，在有人说了一些困扰你的事情后，你克制住自己不像平时一样火冒三丈（走下坡路），而是停下来思考你愤怒的原因，然后有意识地选择恰当的反应（走上坡路）方式。通过练习，寻找“超时刻”会慢慢地成为你的一个习惯。

令人兴奋的是，你的大脑、观念和状态都可以改变。做到了这些，你就会变成一个成功的人。

推荐练习

1. 用上文中推荐的其中一种方法判断你对自己的哪些认识是正确的。要特别留意那些告诉你“应该”“必须”“需要”以某种方式做某事的观念，以及任何用好或坏来评判人或世界的观念。写下你最先想到的三个观念：

观念 1：____________________

观念 2：____________________

观念 3：____________________

2. 做冥想练习，建议在早上或晚上做。

3. 从今天开始，每周花半个小时记录你认为正确的事。

4. 每月或每周约见一次你的教练或治疗师，让他们告诉你什么时候应该相信你自己的判断。
5. 在冥想或清醒时，试着重复并专注于下面这句话：“我欣然接受发生在我生命中的每件事。”你不一定要去相信它，但要尽力地去感受它——你在说服你的神经系统。如此坚持一个星期。
6. 培养倾听的习惯。大多数人习惯于想接下来要说什么，而不是听别人说了什么。这颗习惯的种子在你小时候就埋下了——当成年人说话时，除非你马上说话，否则没有人会听你说话。选择一位健谈的朋友或同事，有意识地告诉自己下次和他们聊天不要事先计划该说什么。这样一来，你会惊讶于你从他们的话中得到的不小收获。想一想，你身边最值得你倾听的人是谁？

法则 5　学习能让你变得更聪明

> “智商分数体现了你的智力水平，是你学习和经验的总和。智力是可以提高的，但它不如流畅地记忆、学习、合成新信息的能力重要。如今，大部分科学家依然认为流体智力是无法改变的，其实不然，你可以借助一些特殊技术显著提高你的流体智力。所以，你倾向于把时间浪费在低效率的学习上，还是通过改造你的大脑和升级你的学习方法来解放自己呢？”

吉姆·奎克是现实版的超级英雄，他是公认的速读、记忆力和脑力提升方面的专家。吉姆经常在舞台上展示快速阅读并记忆几百人的名字的技能，但他并不是为了博人眼球。和他吃饭时，吉姆也可以记住每个为我们服务的餐厅员工的名字，而人们在听到别人叫对自己名字时会心生愉悦。这种能力并非源于他的天赋，事实上，他在上幼儿园时，曾遭遇过一场非常严重的事故，脑部受伤。这导致他的学习能力下降，注意力难以集中，几乎跟不上其他同学的步伐。进入大学后，吉姆不想继续做差生，而想重新出发，让家人为他感到骄傲。于是他发奋图强，甚至到了废寝忘食的地步，就连锻炼身体或跟朋友一起玩的时间都没有。但是，他的学习成绩仍然毫无起色。有一天，他因为过度劳累在图书馆里晕倒，从楼梯上摔了下来，头部又一次受到撞击。两天后，当他在医院醒来时，他的身上插了一堆管子，营养状况严重不良。

一名护士端着一杯茶走进病房，那个杯子上印着阿尔伯特·爱因斯坦的照片和他的一句名言："我们不能用制造问题时的同一水平的思维来解决问题。"这句话深深地触动了吉姆，他一直以为自己的问题在于掌握知识的速度太慢，所以他把所有时间都用来学习。直到那一刻，他开始从另一个角度思考这个问题：能不能想办法提高学习效率，而不是一味地增加学习时间？

吉姆回顾了他的学习生涯。在学校里，老师只教他学什么，而没教他怎么学，如何培养创造力、解决问题、思考、集中注意力、速读，最重要的是，老师也没有教他如何提升记忆力。苏格拉底说过，"记忆力是学习的基础。"吉姆从这句话中得到启发：提升记忆力有助于提高学习效率。于是，他开始研究大脑的记忆机制，看看能否找到捷径。

吉姆的记忆法很快就奏效了，他从一个差生变成了全优生。而且，吉姆无私地把他独创的记忆法分享给别人。

20多年前，在吉姆最早的一批学生中，有一名大一女生计划在30天内读完30本书，通过使用吉姆的方法她做到了。原来，女生的母亲被诊断出癌症晚期，最多可以活60天。为了拯救她的母亲，她读了一大堆关于健康、医学、心理学、自助类的书籍。

6个月后的一天，吉姆接到了一个电话。刚开始，他听不清楚电话那头的人在说什么，只能听到哭泣声。过了一会儿，他终于想起来电话那头的人是那个女生，她是喜极而泣。女生告诉吉姆，她的母亲不仅活着，而且病情有所好转，就连医生们都感到不可思议。她母亲认为，这一切都归功于女生从那些书中快速学到的宝贵建议。

那一刻，吉姆意识到，他的方法不仅可以改变生活，甚至能挽救生命。从那以后，他一直致力于改变人们的学习方式，帮助他们发现自己的才能。他的主要研究领域是阅读，因为阅读是最基本的学习方式之一。一本凝聚了作者几十年的经验和学识的书，你只需花一两天的时间就能读完并汲取他的所有智慧，这是一种强大的技能。

与以略读和抓取要义为主要特征的传统快速阅读方法不同，吉姆教授的是如何全神贯注地阅读，不仅可以读得更快，还可以高效地学习并记住阅读的内容。他的方法被称为FAST法。

F（Forget）：忘记

也许你会纳闷，明明是关于学习阅读和记忆的方法，为什么要从忘记说起呢？吉姆发现，虽然很多人自觉深谙某门学科，但实际上他们没有学到任何新东西。假设你作为一名营养专家去参加一个相关主题的研讨会，你应该做的是了解所有的最新资讯，而大多数人都做不到这一点。一旦人们自诩为专家，就会拒绝学习新知识。所以，首先，你必须暂时忘记你已经了解了这门学科，才能学到新东西。俗话说，大脑和降落伞一样，只有在打开的时候才能工作。快去打开你的大脑，暂时忘记你已经知道的东西吧！

其次，你要忘记强加于自身的枷锁。很多人都有自我设限的观念，这会阻碍他们进步。大脑无时无刻不在“偷听”你对你自己说的话，如果你对自己说你不善于记住别人的名字，你的大脑就无法最大限度地去学习。错误的观念就是这样作用于现实的。

最后，你要忘记周围的环境，不受其影响，这样你才能专注地学习。吉姆指出，人可以同时专注于7件事。如果你一边看书，一边想着孩子、工作和垃圾，你就只剩下3个专注力额度了。把其他事情都放下，你就可以集中精力看书和学习了。

A（Active）：积极

吉姆把学习比作锻炼：你去健身房，可以选择每次举5磅的杠铃长达一小时，也可以选择加大杠铃的重量并减少锻炼的频率。高强度学习就像高强度锻炼一样，可以让你在更短的时间内取得成果。

吉姆说，在21世纪，我们要积极投入学习，主动获取知识，而不是坐等知识被塞进你的大脑。你要积极地记笔记，分享你的学习成果。这些技巧不仅有助于学习，还有助于记忆。

吉姆建议用纸笔来记笔记。在一页纸的中间画一条线：左边是“捕捉笔记”部分，你可以在这里写下你正在学习的思想；右边是“创造笔记”部分，你可以在这里写下你的印象、想法，以及你对所学知识提出的问题。这个策略可以充分调动你的大脑，让你学得更快，记得更多。

S（State）：状态

任何学习都依赖于状态，吉姆把状态定义为大脑和身体的当前状况。很多人都没有意识到，状态其实是完全可控的。大多数人喜欢把枯燥无味的生活归咎于身处的环境，把情绪低落归咎于经历了不好的事情。吉姆说，我们不要做温度计，而要做恒温器，不要被周围的环境影响。

T（Teach）：教授

如果你必须看一段视频或一本书，并在第二天把它的内容复述给别人，你会怎样运用你的注意力？你会用什么策略去捕获信息？如果你必须快速掌握一种新知识或一项新技能，你要如何向别人教授这种知识或技能？通过复述或教授，你会发现你对这些信息的记忆效果增强了一倍，因为你接收这些信息的目的是向别人解释清楚。

“以教带学”的效果比你想象的更好。我的职业生涯是从硅谷开始的，与此同时，我还在加州大学找到了一份教在职工程师如何构建互联网的兼职。早在现代互联网诞生之时，我就已经在加州大学圣克鲁兹分校的硅谷校区运营一个网络和互联网工程项目了。每周总有几天晚上，我要在一间坐满了聪明工程师的房间里讲两小时的课。前提是，我必须先汲取足够的专业知识，而且我做到了。不到两年的时间，我就晋升为一家市值为10亿美元公司的技术战略规划主管，那时我只有27岁，算得上年轻有为。如果不是用了以教带学的方法，我根本就不可能在短时间内习得那份工作所需的知识。

说到流体智力，值得一提的人是丹·赫尔利。赫尔利是一位多次获奖的科学记者，写过一篇关于如何提高智力的科普文章，从根本上改变了人们对学习和智力的看法。赫尔利说，一提到“聪明”，人们往往指的是已经习得的知识和信息，而忽略了知识和信息是如何获得的。同一个班上的学生，尽管他们的学习时间和考试时长都一样，学业成绩却各不相同。这是因为他们的学习能力或流体智力水平不一。

智商不同于流体智力。大部分智商测试都会评估各种因素，其中包括硬性知识，它只能代表一个人的经验而非能力。因此，大多数智力研究并不关心智商测试。科学家对流体智力的了解由来已久，但在过去长达一个世纪的时间里，他们一直认为流体智力是无法后天提高的。2008年，一个科学家团队决定研究如何提高工作记忆（属于短时记忆的一部分）。

工作记忆对流体智力而言至关重要，这些科学家想知道，能否通过提高工作记忆来提高流体智力。受试者被要求做一个叫作“N次返回”（Dual N-Back）的两分钟练习，以提高他们的工作记忆。经过每天半小时、连续5周的练习，这些人的平均流体智力提高了40%。[2]这是一个难以置信的发现。

不过，它也有一个缺点。N次返回练习太折磨人了，以至于你恨不得把电脑扔出去。把它想象成大脑健身操，你需要做的就是不放弃。做这个练习时，你会在屏幕上看到一个井字游戏。一个方块亮起来，然后是另一个，之后是第三个。当一个方块在被点亮两次后又一次亮起时，你需要按下那个方块，这叫作两次返回。掌握了这项技能后，接下来你需要做到三次返回。在练习过程中，你还会听到一个背诵字母的声音。这意味着，你不仅要记住哪个方块亮起过三次，还要记住你听到的是哪个字母，这会促使你高度集中注意力。

虽然这个练习不太有趣，但它的效果毋庸置疑。自2008年那项突破性的研究以来，许多其他研究也证实了，工作记忆训练不仅能提高工作记忆，还能提高各种基于智力的技能，包括阅读理解、数学能力等。

赫尔利认为，即使流体智力不在智商测试的考察范围内，提高流体记忆也有助于提高智商测试分数。如果你有兴趣做N次返回练习，我建议你在利用本书介绍的其他方法增强你的脑力和意志力后再去做。因为在大脑全力运转的情况下，这个练习的触发作用会小很多，而经常锻炼意志力肌肉能让你更容易坚持下去。你可以先练习一个月左右，需要注意的是，一开始你的大脑可能会适应不了（你会感到无聊和沮丧，还会做奇怪的梦）。但慢慢地，你会发现自己的语言表达变得更加流畅，听力和阅读记忆力也有所提高。

推荐练习

1. 学习吉姆·奎克的课程或其他快速阅读课程，提高你的学习速度。
2. 归纳本书的内容，并将其教给你的朋友、同事、伴侣或孩子。运用这种方法，你就能记住所有内容了。
   - 通过N次返回练习提高你的流体智力，并注意以下几点：
   - 至少坚持20天，能坚持40天更好。
   - 每周至少练习5天，但不要在身体疲惫的时候练习。
   - 不要在训练时自言自语，这样只会激活你的右脑。
   - 每次都以失败结束。
   - 告诉你的朋友或教练你在做N次返回练习，就像去健身房一样，有人监督对你坚持下去是有帮助的。

法则6　通过图像而非文字来提升记忆力

“

我们的大脑是通过接收声音和图像而不是文字进化来的。训练你根据听到或读到的内容来创建图像的能力，以便充分利用大脑深处的视觉化硬件。单纯的文字记忆效率低下，会造成精力的浪费。

”

马蒂亚斯·里宾是瑞典顶级大脑训练师和三届瑞典记忆冠军，记忆力的全球排名是第75位。马蒂亚斯还获得了世界记忆体育委员会授予的记忆大师称号，目前只有154人获此殊荣。马蒂亚斯是从2008年开始对他的记忆进行训练的，在此之前，他的记忆力属于普通水平，每次只能记住10个数字，而现在他能一次性记住1 000个数字。

马蒂亚斯十分好学，自从他发现记忆力可以得到显著提升后，他就开始训练自己的大脑。几个月后，他赢得了他的第一个瑞典记忆冠军。他说，训练大脑好比学习开车，你只需要花费几个月的时间，就能收获一项终生受益的技能。更妙的是，这种技能还会随着时间的推移而精进。

马蒂亚斯表示，教会大脑如何通过图像而不是文字来思考，是提升记忆力的一个基本方法，这需要对你的想象力进行训练。图像化信息可以越过短期记忆，直接进入长期记忆。在5种感官中，视觉对于人脑是最重要的，因为它与我们的生存息息相关。在和感官有关联的神经元中，和视觉相关的就占3/4。有些人觉得通过听觉或触觉来学习的效果更好，但专家认为通过视觉来学习的效率最高。通过实践或教学去学习，有助于你高效地记忆新信息，因为这两种方法都需要调动你的视觉感官。

那么，如何把图像学习方法应用于日常生活呢？比如，你在看报纸的时候，可以试着一边阅读一边把文章内容视觉化。一开始你可以选择读些相对容易想象的内容，将它构思成一个故事，而不要选择经济或国际政治类的文章。

读小说时，你可能也会下意识地想象它的画面。但是，有意识地创造画面才能让你更好地记住细节，因为这些画面会在你的大脑中留下持久的印象。练习的次数越多，你的脑海中就会越自然地浮现出这些画面，久而久之就会养成可视化的学习习惯。

如果你觉得自己不太擅长想象画面，那么你可以先从想象简单的画面开始。闭上眼睛，想象一只狗。想象的时候，以你脑海中出现的第一个画面为准。仔细端详你脑海中的这只狗，试着把它想象得更具体，越真实越好。此外，尽量保证画面是立体的，相较于二维画面，三维画面可以在人脑中储存得更久。

马蒂亚斯说，经过一段时间的训练，你就会习惯性地把各种信息（包括数字和枯燥的数学公式）转换成图像。他建议你可以在听别人说话时练习这个技巧，倾听的时候，你的大脑会把你第一时间想象出的画面储存下来。之后，大脑可以通过这些图像线索追溯到原始信息。通过练习，你的大脑最终会像磁铁一样，把新知识牢牢"吸住"。

马蒂亚斯说，他能够通过"滚动"他创建的视觉图像来无限制地存储信息，就像在智能手机上浏览图片一样。他不再需要参考原始资料，只需记住脑海中的图像。一般来讲，他会利用空闲时间练习可视化学习技能，比如在等人或刷牙的时候。他可以一次性滚动几张图片，并把它们保存在记忆中。

图像不仅可用于记忆一连串信息，还提升了我的采访表现。图像帮助我在采访背景各异的专家时侃侃而谈而不露怯，要知道这些专家的研究领域涉及功能性神经科学、商业领导力、激素替代疗法、运动表现、抗衰老等。如果我只是简单地听他们说，就不可能记住他们的个人经历和专业领域的知识，也无法圆满完成采访任务。总之，通过可视化方法获得的知识是死记硬背不可及的。

正如马蒂亚斯解释的那样，语言是有限的，但图像是无限的。就像图像一样，通过训练升级你的大脑的硬件、软件和线路，你的能力也可以变得无限。

推荐练习

1. 听播客或有声读物时，试着闭上眼睛在脑海中勾勒说话者描绘的场景。闭上眼睛可以让大脑进入阿尔法波状态，有利于创造力的释放，并提升视觉化能力。（切记，不要在开车或做其他重要事情的时候这样做！）
2. 尝试画思维导图，仅用很少的字词来说明它们之间的联系。
3. 登录www .jimkwik.com，学习吉姆 · 奎克的记忆课程。

第3章 培养自我意识

在采访中，许多杰出人士都不约而同地强调了寻找自我意识对于成功和幸福的重要性。数据分析显示，在有助于提升自我的所有要素中，自我意识排在第6位。什么是自我意识？你可以把它定义为关于激励你的潜意识因素的深层次理解。这些潜意识因素不仅包括你的激情和恐惧，还包括你的限制性观念，以及过去大大小小的创伤对你的日常生活的影响。只有意识到这些你平时意识不到的因素，你才能采取必要的手段去改变它们，最终改变自己。

增强自我意识的方法有很多，比如冥想、与他人建立密切的联系等。

法则 7　放空自己

> 改变意识状态有着不可思议的威力，它可以让你直面内心的恶魔，治愈你内心的创伤。改变意识状态的方法有很多种，比如，进行一场为期 10 天的内观静修，去洞穴里做一次视觉探索，给大脑通电，做进阶呼吸练习，去精神疗养机构做康复休养，等等。不时地放空自己，当意识回归后你就会变得更有力量。切记，要在专家的指导下进行以上活动。

我的采访对象之一阿贝托·维洛多博士是心理学家、医学人类学家和畅销书作家，他将亚马孙地区和西方世界的人们在健康状况上的差异归因于压力。当我们处于战斗或逃跑的状态时，大脑会分泌出两种类固醇激素——皮质醇和肾上腺素。它们会让你处于兴奋状态，妨碍你进入心流状态（一种帮助你发挥创造力和憧憬未来的状态）。当你的大脑中充斥着应激激素时，你的下丘脑–垂体–肾上腺轴（HPA）就会被激活，并产生恐惧激素，继而促使脑垂体产生越来越多的应激激素。相反，在非战斗或逃跑的状态下，脑垂体可以通过将神经递质（如血清素）转化为二甲基色胺（DMT，一种天然存在于多种动植物中的分子），帮你进入心流状态。

不过，维洛多称，99% 的人因为压力而无法自主达到心流状态，这是我们无法坚信自己能够实现梦想的原因。

维洛多表示，摄入ω–3脂肪酸也可以修复我们的大脑，ω–3脂肪酸是大脑必不可少的组成部分。在你修复了大脑，给大脑补充了线粒体能量后，你可以达到心流状态。

有其他方法也可以达到同样的效果。比如，有些高管选择进行为期10天的内观静修，以进入意识改变状态。我在尼泊尔的一次静修中也体验到了这一点。还有一种可让人们进入意识改变状态的方法——呼吸，它对我的影响比任何其他方法都要深刻。

推荐练习

想一想如何在紧张情绪中进入意识改变状态。下面是我用过的一些方法，你可以按照吸引力大小对它们进行排序，然后选择你最感兴趣的一种方法去执行，你也可以选择其他方法。

- 参加为期10天的内观静修。
- 在荒野中进行一次视觉探索。
- 做呼吸控制练习。

法则8 控制呼吸就是控制你自己

“

呼吸这个看似简单的动作中其实蕴藏着巨大的能量，所以很多成功人士都推荐呼吸控制练习。深呼吸很简单，但学习如何正确呼吸有助于开发你的大脑。

”

斯坦尼斯拉夫·格罗夫拥有医学博士和哲学博士学位，他和他的妻子在20世纪六七十年代开创了超个人心理学流派。该领域主要研究人类经验的精神层面，并将其与现代心理治疗和心理学框架结合起来。

格罗夫的临床研究始于20世纪60年代的莫斯科大学和约翰·霍普金斯大学，后来他在加州大苏尔的伊萨伦研究所担任常驻学者。他写作了20多本书和数百篇文章，如今80多岁的他仍然坚持做教学工作，并在世界各地演讲和参加研讨会。他精力充沛，在一次活动中和与会者做了一天的呼吸练习后，又在晚上接受了我的采访。

格罗夫博士原来是一名传统心理学家，但在他早期的职业生涯中，他对传统精神分析的局限性备感失望。当时，精神病学因循守旧，精神病学家仍在使用传统的治疗方法，比如电休克疗法、胰岛素休克疗法、胰岛素昏迷疗法，甚至是前额叶切除术。

于是，他开始寻找一种可以改善患者体验的替代治疗方案，呼吸法应运而生。

几千年的古老文化和智慧已经认识到，呼吸不仅是维持我们生命的一种功能，它还可以变成一种改变我们的重要力量。格罗夫发现，当呼吸频率加快时，人们可能会经历一种兴奋状态。这就是呼吸的力量。

格罗夫发明了“全息呼吸”法，它可以让你进入一种全息性精神状态。这种状态能激活个体心理的自然治愈过程，我做过几次全息呼吸练习，其中有两次是和格罗夫一起。全息呼吸练习给我带来了超感体验，让我意识到，想要提升自己，就必须同时关注生活的各个方面，包括精神、情感、认知和身体等。

全息呼吸法是一种帮助你实现个人突破的手段，其他方法还包括：神经反馈、名为“眼动脱敏与再处理”（EMDR）的快速眼动疗法，以及利用身体能量场缓解焦虑和修复创伤的“叩击”法。无论你选择哪种方法，识别出你生活中隐藏的行为模式（大多是由过去的创伤造成的）都是你突破自我的最有效方法之一。当你知道是什么阻碍了你前进，通往成功的道路就会容易走得多。世界上最幸福、最成功、最具影响力的人都找到了属于自己的方法。

全息呼吸只是高效能呼吸的一个方面。瑜伽修行者练习调息法已有几千年的历史了，它是“生活的艺术呼吸法”的基础。布兰登·罗斯曾在电影《超人归来》中扮演超人，在电影《明日传奇》中扮演原子侠，他也在做呼吸练习。如果这种方法适用于超级英雄，那么你也值得一试！记住，控制呼吸就是控制你自己。

推荐练习

1. 尝试全息呼吸法。

2. 学习乌加伊呼吸法。

3. 选择学习一门“生活的艺术呼吸法”课程或调息法课程。

第 4 章 克服恐惧，跳出舒适区

所有成功者都认同的一点是，无所畏惧是取得成功的关键所在。

成功者并非毫不畏惧，毕竟恐惧是人类的本能。但和大多数人不同的是，成功者不会任由这种本能阻碍他们踏入未知领域。记住，人的思维方式是习惯的产物，它是基于恐惧运作的：它无时无刻不在扫描你身处的环境，寻找令你害怕的东西，为你做出决定，以确保你的“安全”。但事实上，屈服于恐惧并不会让你变得更安全，拒绝冒险、活在舒适圈里也不会让你变得更强大。

成功者深谙此道。借用知名作家苏珊·杰弗斯的话来说，他们是明知害怕而为之。他们善于自我教育，坚持学习，积极行动，并保持警惕。他们都有一种使命感：培养良好的习惯以防止创造力受限。

不仅如此，成功者也拒绝待在游戏规则和权威人士背后的舒适区里。毋庸置疑，权威人物的存在正是为了维持现状。想要成为一名创新者，你必须用不同的方式思考问题。停滞不前是创新的敌人，如果你不愿意打破既有的游戏规则，你就不可能做出创新。

法则 9　恐惧是精神杀手

> 失败之所以令人恐惧，是因为在进化的过程中，失败意味着人们会被老虎吃掉、没有食物、被部落驱逐、找不到配偶，甚至整个族群都会灭绝。虽然这些威胁今天基本上不存在，但人类在生理上对失败的恐惧依然存在于神经系统的自动反应中。学会正视你对批评和失败的非理性恐惧，让你的身体不再害怕失败，这样它就会释放出巨大的能量，你可以利用这些能量去做你想做之事。越恐惧就越容易失败，不要屈服，而要克服恐惧。

拉夫·梅赫塔是一位成功的工程师、企业家和教授，也是一位钢琴家和作曲家。他和他的赫利奥斯娱乐公司致力于出品教导成年人和孩子如何克服恐惧的游戏、音乐和书籍，同时教授他们复杂的科学、技术、工程和数学（STEM）知识。

在采访中，他给我讲述了他在南非狩猎期间发生的一件事。当时，他和几个同伴正坐在一辆敞篷吉普车上观察一群狮子。忽然，有一头狮子走到车跟前，并缓缓靠近他们。拉夫坐在前排的座位上，眼看着狮子离他越来越近。坐在他旁边的护林员轻声说道：“别动，屏住呼吸，假装你不存在。”拉夫照做了，他的胳膊感觉到了狮子的呼吸，这让他害怕极了，以为自己必死无疑。但他努力让自己保持不动，也不发出任何声音。他开始使用一种呼吸方法，让他的副交感神经系统平静下来。他在心中默念，一切都会好起来的。过了一会儿，狮子转身走开了。

在此之前，拉夫已经花了几年时间研究恐惧，试图弄清它的工作原理，而那件事是对他的相关知识和技巧的真正考验。如果他当时没有相信护林员的话或直面恐惧，天知道会发生什么？

通过对恐惧的研究，拉夫发现所有负面情绪（如愤怒、嫉妒、不安全感、内疚、羞耻、贪婪）都源于恐惧，而所有正面情绪（如信心、优雅、谦逊、勇气、感恩）都来自信任。当他把所有情绪划分为恐惧和信任这两类基本状态时，就能把源于恐惧的负面情绪转化为源于信任的正面情绪了。

拉夫认为有一种生命力量支撑着我们的所有感觉和情感，那就是爱——一种可以把一切联系在一起并创造出一切的力量。拉夫说，如果把我们获得爱的能力比作一条管道，恐惧就会堵塞这条管道，致使爱无法进入，而信任可以疏通这条管道。

拉夫认为，信任和恐惧之间的关系是密不可分的。恐惧源于疑问，信任则源于希望。当你选择完全相信这个世界时，你知不知道为什么会发生这样那样的事情，你都会觉得一切在朝着对你有利的方向发展，生活也在按照既有的方式运行。

在这种状态下，你可以接纳自己变得脆弱，因为你相信自己不会受到伤害，无论是在身体上还是在情感上。拉夫说，脆弱有助于提升你进入心流状态的能力，增强你的“情感免疫系统”，保护你免受痛苦经历的伤害。当我们不断地为自己“接种脆弱疫苗”时，一旦面对生活中不可避免的打击，我们就会具有更强的复原力和韧性。

拉夫声称恐惧有三大支柱：

一是时间。当你完全信任别人时，你就会活在当下、接纳他人。而当你远离现实时，恐惧就会乘虚而入。恐惧通常表现为向自己提出一些假设性问题：如果那头狮子攻击我，我该怎么办？恐惧总会把你带离当下，因为恐惧是基于未来可能发生的事情，而不是正在发生的事情。当你完全活在当下时，就不会给恐惧情绪留下滋生的空间，并能获得无限的爱或进入心流状态。

二是依恋。人依恋于某种思想或事物被视为一件不好的事情，拉夫以前也认为我们不应该存在依恋情感。但后来他意识到依恋本身没有问题，依恋的本质才是问题所在。

拉夫认为，依恋主要分为两种类型。一种是刚性依恋，它就像一根钢梁把你和你的依恋对象连接起来，并产生压力。另一种是引力依恋，即你和另一个人或某个事物之间存在着一种安全的依恋关系，它比刚性依恋更灵活，并且不会产生任何压力。随着引力的变化，你可以自然地远离或靠近对方。举个例子，如果你对一个人存在刚性依恋，那么你会试图控制他。而如果是引力依恋，你就会对你们之间的关系更加自信，并成为更好的自己，把美好的东西吸引到你身边。你需要做的就是转变你的思维方式：与其关注其他事情，不如关注你自己，这样一切都会变好。

三是期望。拉夫把期望定义为对特定结果的渴望，即你希望看到自己努力的结果。抱持期望本身就意味着“双输”的局面：如果你实现了自己的期望，就没有多少快乐可言，因为那是你意料之中的事。但如果没有实现预期的结果，你又会感到失望，甚至可能会生气、内疚或羞愧，所有这些负面情绪都会抑制你进入心流状态。

这并不是说你不应该对结果或目标抱有期望。拉夫鼓励我们把期望转变成偏好，这样一来，如果你得到了自己想要的结果，你就会感到高兴，反之你也不会沮丧。你可以接受其他结果，而你想要的那个结果只是你的偏好。

拉夫说，这三个支柱——时间、依恋和期望——是恐惧形成的必要条件。只要你击倒它们中的任何一个，恐惧就会像拉夫遭遇的那头狮子一样走开。

这非常重要，因为恐惧不仅会绑架你的创造力，还会绑架你的细胞。布劳斯·利普顿博士是细胞生物学家，也是表观遗传学的创始人之一，表观遗传学是研究环境如何影响我们基因的一门学科。我们俩就恐惧如何影响人类的生理系统进行了一场精彩的对话，其中包括情绪如何在细胞层面上影响人的健康。

利普顿的这项开创性研究始于1967年，作为当时世界上少数几个知道干细胞作用的科学家之一，他正在实验室里克隆干细胞。干细胞是胚胎细胞，在你出生后仍存在于你的体内，有可能产生多个其他细胞。利普顿对干细胞非常着迷，他知道无论处于哪个年纪，我们每天都会损失数千亿个细胞。老的细胞会死亡，身体必须制造新的细胞来替代它们。比如，从口腔到肛门的整个消化道内壁细胞每三天就会更换一次。那么，新的细胞从哪里来？答案是：干细胞。

利普顿将一个细胞单独放入培养皿，发现它每过10~12个小时分裂一次。一周后，他得到了5万个细胞。最重要的是他发现每个细胞的基因都相同，因为它们来自同一个母细胞。然后，他把这些细胞分别放入3个不同的培养皿，并对每个培养皿中培养基的化学成分稍作改变，以此将基因相同的细胞置于3种略有不同的环境中。最终第一个培养皿中的细胞变成了肌肉细胞，第二个培养皿中的细胞变成了骨细胞，第三个培养皿中的细胞则变成了脂肪细胞。

当时，医学院的学生被灌输了一种根深蒂固的观念，即我们的基因掌控着我们的生命，但利普顿的实验结果表明事实并非如此。掌控细胞命运的不是基因而是环境，这促使他研究细胞是如何被体内环境（血液）改变的。利普顿发现，当血液成分改变时，细胞的命运也随之改变。那么，又是什么控制着血液成分呢？人类的大脑就像一位化学家，它感知到什么，就会分泌出相应的化学物质。

当你观察这个世界时，如果感受到的是快乐和幸福，大脑就会释放出多巴胺。而如果你感受到的是恐惧，大脑就会释放压力激素和炎症因子。利普顿非常清楚，作为细胞培养基的血液成分会随着我们对世界的看法而改变，这极大地影响了细胞的命运。

正如利普顿解释的那样，当你处于恐惧状态时，在古老的生存机制的驱动下，你的身体关注的是生存而不是成长。如果你正在被一只剑齿虎追赶，此时恐惧对你来说是一件好事。但如果你长期处于恐惧状态，你就会持续抑制自己的成长和潜力。更糟糕的是，为了节省能量，应激激素会关闭你的免疫系统，利普顿认为这就是90%以上人类疾病的根源。

为了克服自己的恐惧，我做过很多疯狂的事，但都比不上企业家、演说家、博主和作家贾江。你可能对贾江在TED大会上所做的关于拒绝的演讲并不陌生，该演讲的视频点击量高达400多万次。他认为，如果他的身体习惯了被拒绝，当他面临被拒绝的可能性时，就不会再感到恐惧。

贾江设定了一个目标，通过向陌生人询问稀奇古怪的事情，做到每天被拒绝一次，并持续100天。比如，他去一家快餐店，吃完汉堡后要求来一个“汉堡续杯”；他去敲陌生人的家门，问能不能在个人的院子里踢足球；他向陌生人要现金；等等。总之，他的目标就是每天被拒绝一次。

有趣的是，尽管贾江做好了被连续拒绝的准备（他被拒绝过许多次），但人们对他说“好”的次数远远超过他的预期。在实验的第三天，他去到卡卡圈坊，请求店员给他做5个连接起来像奥运会标志一样的甜甜圈。当女店员答应他这个奇怪的要求，并自豪地将这组甜甜圈递给他时，贾江感动得快要哭出来了。

此外，即使有些人给不了贾江想要的东西时，大多数情况下他们也会试图给他提供其他东西。贾江终于意识到，之前他因为害怕被拒绝而没有提出他的请求，因此错过了很多。

贾江建议人们用庆祝失败的方法来克服内心的恐惧。当你亦步亦趋地做事时，当然不会遭到拒绝。但如果你做一件大胆的事并且失败了，那么你不妨庆祝一下，因为这本身就是一种成就。

拉夫、利普顿和贾江所说的关于恐惧的一切，都引起了我的极大共鸣，尤其是拉夫提出的“恐惧光谱”。在为期5天的“禅修40年”

神经反馈训练课程中，我向高管客户们介绍了“情绪堆栈”。情绪堆栈的最底层是冷漠和羞愧，往上一层是悲伤，再往上一层是愤怒和骄傲，又往上一层是恐惧，最上层是幸福和自由。

幸福和自由

恐惧

愤怒和骄傲

悲伤

冷漠和羞愧

为了优先考虑你的生存问题，你的身体总是试图引导你进入较低层次的情绪状态。如果你对某件事感到羞愧，就问问自己让你真正感到难过的是什么，然后去寻找愤怒和骄傲的情绪。之后，再去寻找恐惧情绪，当你感到恐惧时，幸福就在你的眼前。如果你的负面情绪“堆积”得足够多，你就会意识到，负面情绪会变成隐藏的恐惧。

一个可悲的事实是，你的身体认为，处于快乐状态下的你不能专注于外部威胁，进而将自身置于不安全的境地。因此，它希望你时刻保持警惕，随时做好逃跑或战斗的准备。为了欺骗你，你的身体设置了这种层级式情绪结构来阻止你获取幸福感和专注于外部威胁。这个结构唯一不好的地方是，恐惧会抑制你的成长和创造力。另外，如果你想获取幸福感，就必须重置你的情绪结构。

在“禅修40年”的课程中，有一个叫作“神经反馈增强重置过程”的环节，旨在帮助客户不再对不构成实际威胁的事物自动做出反应。你可以利用神经反馈帮助自己找到一个触发消极情绪的情境，尽可能准确地重现这种感觉，然后在这种给定的情境中感激一件事（不管这件事有多小）。感激能驱散恐惧，然后你就会对造成这种情况的人或事产生一种深深的宽恕之情。

运用神经反馈技术并不像听上去的那么难，但想要真正有意识地感受消极情绪，从中发掘一些好的方面，然后释放消极情绪，仍然不容易做到。不过，这样做可以帮你从恐惧中解脱出来，让恐惧永远消失。我花了4个月的时间来做这件事，现在我很少有这么不理智的时候。所以，我很荣幸能有机会在"禅修40年"的课程中主持会议和帮助客户。看着他们摆脱自己的恐惧，我也学到了很多。

如果你也能把这些方法应用到任何让你恐惧的事情上，以及你自己身上，那么你也能从教导宽恕、感恩或同情的冥想练习中获得同等的益处（尽管可能需要更长的时间）。最重要的是，要意识到你头脑中那个批判的声音不是你自己，而是你的生存本能，它拼命地工作，让你不断产生恐惧，因为它认为恐惧能让你活下去。当你认清了它的真相，你就不会觉得内疚和羞愧，然后通过自己的努力获得幸福。这是真的——你唯一要恐惧的就是恐惧本身。

推荐练习

- 记住，恐惧的三个支柱是时间、依恋和期望。
- 排除干扰，努力活在当下。（关掉手机上的提醒！）

• 将期望重新定义为偏好。说“我想”而不是“我需要”。

我会让孩子们和我一起做夜间练习。每天晚上，我会叫他们列出三件心怀感激的事情和一件失败的事（努力了但没有成功的事情）。如果他们在某件事上失败了，我会对他们表示肯定，虽然最终失败了。如果他们没有失败，我就会装出一副悲伤的样子告诉他们，我希望明天会更好，这样他们就会更加努力。如果你有孩子，可以试试这个方法。没有的话，你可以在日记里写下一件失败的事，给自己加油或称赞自己敢于冒险。几次之后，你就会惊奇地发现你的精神得到了放松。

• 故意被拒绝！尝试拒绝法一个星期，故意提出一些你认为不会得到满足的要求，直到你听到否定的答案。你很快就会发现，如果有机会，人们非常愿意帮助别人。大家都太棒了。

法则10　拒绝平庸

> 通常来讲，能快速提升自我的人，总是不走寻常路。因此，他们会遭到来自全世界的打击。再强大的创新者也会感到恐惧或动摇。纵观历史，挑战旧观念的人往往屡遭批判、贬低，甚至落得可悲的下场。面对批评时尽量控制情绪，才能在困境里勇往直前。学会面对批评，快乐地走自己的路，拒绝平庸。

丹尼尔·亚蒙被誉为世界上最伟大的大脑专家之一，他是《纽约时报》的畅销书作家、亚蒙诊所创始人兼首席执行官。

1991年，亚蒙作为一名精神病学家，参加了一场关于单光子发射计算机断层成像（SPECT）的讲座，这场讲座彻底改变了他的职业生涯。SPECT是一种核医学技术，电子计算机断层扫描和核磁共振成像则属于显示大脑物理结构的解剖学技术。通过绘制颅内的血流情况和活动，SPECT可以反映大脑的真实情况，揭示执行特定任务或经历某种情绪时大脑的活跃区域。

亚蒙对SPECT扫描技术着迷不已，并开始在临床实践中用它来帮助诊断和治疗病人，很多人的病情因此得到了显著改善。然而，他的同事们对他的做法很不满，这给他带来了巨大的烦恼。他们认为这种技术并非正道，还指责他是一个“江湖术士”。没有人喜欢在帮助别人时被贬低和轻视。亚蒙鼓足了勇气，才承受住这些指责，并坚持下去。他说，不观察大脑的实际情况怎么能理解它的工作原理？又怎么能治病呢？他只是想看看自己每天都在治疗的大脑是怎样运作的，所以就算遭到强烈的反对，他还是排除万难坚持下来。

一天深夜，丹尼尔的嫂子打电话给他，告诉他9岁的侄子在棒球场上突然攻击了一个小女孩。亚蒙忙问：“他怎么了？”她说：“丹尼尔，他性情大变，变得自私，也不像以前那么爱笑了。”亚蒙来到他们家，发现侄子画了两幅画——一幅画里他被吊在树上，另一幅画里他在射杀其他小朋友。亚蒙转过身对她的嫂子说：“明天带他来我的办公室吧。”

第二天，亚蒙和他的侄子坐在一起，问他：“你怎么了？”男孩说："丹尼尔叔叔，我也不知道。我总是不开心。"亚蒙问他的侄子是不是被人欺负或捉弄了，还是被谁无礼触摸，他的侄子一一否认了。于是，亚蒙给他的侄子做了大脑扫描，发现左侧颞叶上长着一个高尔夫球大的囊肿。事实上，侄子的大脑左侧颞叶的位置是不对的。亚蒙还是第一次看到这种情况，不过从那以后，他经常碰到这种情况。当时，精神病学家一般只会关注病人的情绪症状，而不会用扫描术来检查大脑的功能。

研究表明，大脑的左侧颞叶与暴力行为有关。[1]亚蒙找来外科医生帮忙取出囊肿，他侄子的行为也恢复了正常。这位外科医生说，这个囊肿严重压迫了亚蒙侄子的大脑，造成左侧颞叶上方的骨头变薄。这很危险，假如当时他的头被篮球击中，他就会立刻丧命。

从那一刻开始，亚蒙不再担心自己会被当成"江湖术士"了。他想到了那些因为医生不知道他们大脑有问题而被监禁或剥夺生命的人，这些问题本来可以通过SPECT扫描发现的。他希望SPECT扫描能帮助更多人，并把这件事当作自己的使命。

我就是受益人之一。2002年，当我第一次听说亚蒙的名字时，他已经是众矢之的，虽然他的科学研究非常扎实。在沃顿商学院攻读MBA的同时，我还在一家初创企业全职上班。当时的我非常绝望，我明明已经竭尽全力，我的事业却越来越不如意，考试勉强及格，人际关系也很一般。亚蒙扫描完我的大脑后说，我的大脑看起来像中毒似的，我惊呆了。亚蒙说："如果我不认识你，没有看过你的脑部扫描结果，我还以为这是哪个露宿街头的瘾君子的大脑。"和健康的大脑相比，我的大脑的活跃程度非常低。他认为，这种情况经常出现在吸毒者或感染有毒霉菌等环境毒素的人的身上。扫描结果显示，我的大脑因为某种化学物质受到了损伤。我的大脑显然出了问题。

你可能会觉得奇怪，但说实话知道这些后我反而感到高兴。因为这给了我一线希望，我可以对症下药了。在我之前的人生里，我一直觉得自己很软弱，不够努力，虽然我表面上很成功。但是，SPECT扫描结果显示并不是我的性格出了问题，而是我的硬件出了问题。在我年幼的时候，我感染过有毒霉菌，进入沃顿商学院之前又被感染了一次。在亚蒙的帮助下，我的大脑恢复了健康，它的表现超出了我的预期。我很感激他在其他人不完全了解病人大脑内部情况时，在被别人冷嘲热讽时，依然保持着好奇心而没有放弃SPECT。如果没有做大脑扫描，我可能永远不会知道应该怎么治疗它，当然我也不会有今天的成就。

即使他们没有直接改变我的人生轨迹，我也会不断地寻找那些挑战权威并获得成功的专家。当读到杰拉尔德·波拉克博士的《细胞、凝胶和生命的引擎》时，我被他提出的水的第四相概念吸引了。他告诉所有生物化学家，他们忽略了关于水的一个重要事实，他的发现颠覆了细胞生物学领域的固有观念。虽然有人反对他的观点，但他有研究数据做支撑。我想要深入了解他的工作，以及是什么让他开始研究像水这样平常的事物的。

波拉克博士是华盛顿大学的杰出的生物工程学教授、风险科学研究所执行主任和《水资源》杂志的创始主编。他还是美国医学和生物工程研究所的创始研究员，以及美国心脏协会和生物医学工程学会的研究员。

波拉克博士在研究肌肉及其如何收缩的过程中对水产生了兴趣。他突然想到，当我们从分子水平考虑肌肉时，我们通常只考虑蛋白质是如何相互作用产生力的。但是，肌肉不仅含有蛋白质，还包含水。事实上，按体积计算，我们肌肉的2/3都是由水构成的，如果考虑水分子的数量，占比则更多。我们肌肉中每100个分子中就有至少99个是水分子。

令波拉克博士感到震惊的是，其他科学家在研究肌肉的工作原理时，对100个分子中有99个水分子都不以为然。这些水分子怎么可以被忽略不计呢？关于肌肉如何收缩的主流理论可以追溯到60多年前，但波拉克博士在他的实验室里发现，这些证据并不符合这个理论。他意识到缺少的元素正是水，事实上，与主流理论相比，这些微小的水分子在我们的肌肉功能中扮演着重要角色。

于是，波拉克博士放弃了对肌肉的研究，开始研究水的本质，最后取得了颠覆性发现。我们大多数人都知道水有三种形态：固态、液态和气态。但波拉克博士发现，在固态和液态之间实际上存在着第四种重要的生物形态。水的第四相是高黏性的，有点儿像蜂蜜，被称为EZ（EZ指“排斥区”）水。

波拉克博士可能是第一个发现水的第四相的人，不过早在100多年前就有人预言了这一点。据说当时一群科学家马上就要发现水的第四相了，但遭到了阻挠，无奈之下放弃了研究。对水分子的生物学研究失去了科学界的尊重，越来越多的人不愿意从事这项研究。波拉克博士和他的同事们对水的好奇心让他们放弃了对肌肉收缩的研究，他们对水的研究取得了突破和进展。

第四相的EZ水的含义是无限的，它指的是我们细胞中支持线粒体功能运转的水。也就是说，体内的EZ水越多，我们的细胞功能就越强。波拉克博士发现，红外线、自然光和振动都有助于产生这种类型的水。在和他交谈后，我把增加细胞内的EZ水作为我的首要任务，我能感受到它给我的表现带来的益处。事实上，我非常相信它对健康和提高工作表现是有益的，所以我也资助他的实验室进行其他研究。猜猜他发现了什么？当把乳脂和水混合时，会产生大量的EZ水。

这就解开了"防弹咖啡之谜"。我一直很困惑，为什么我先吃黄油，再喝黑咖啡，我就感觉不到它们混合在一起时的清澈感。现在我终于知道原因了，因为黄油和咖啡混合后可以产生EZ水。除此之外，波拉克博士的突破性发现还解开了另一个谜团。

在发现EZ水的过程中，波拉克博士也遇到了不少质疑，但他坚持了下来，并且取得了成功。这就是创新者的与众不同之处——当他们相信自己是正确的时候，他们会坚持自己的立场，即使他们需要很长的时间来证明这一点。

说到与众不同，我在发明经过特殊处理、经过实验室认可、无霉变的防弹咖啡豆时，它的市场份额为零。这个疯狂的想法马上引来骂声一片（还没算上加黄油的想法）。在我被迫放弃喝标准咖啡后（因为它会让我感到焦虑、不安和崩溃），我发明了一种特殊的烘焙咖啡豆的方法，并将其投放市场。6年后的2018年，用这种特殊咖啡豆制成的防弹咖啡已卖出超过1亿杯，成千上万不能喝标准咖啡的人感谢我让他们能够再次喝上咖啡。

但在这个过程中，更多的批评也接踵而来。大多数人都只是为了刷存在感，但有一位咖啡杂志的作家的批评，我比较喜欢。他认为，像我这样的人根本不可能改变煮咖啡的工序，因为我在咖啡行业的经验有限。我的成功首先来自好奇心，其次是做我相信的事情，即使这会招致批评。

所以，信念是非常重要的，它会给你无穷的力量。当然，感激之情也很重要。你头脑里的声音也担心有人会相信这些批评，但你可以告诉自己，不管批评你的那些人说什么，他们只会吸引更多人来关注你。在当今社交媒体主导的世界里，没有人会相信那些未经谷歌验证的评论。每当我头脑里想着恼人或令人担忧的故事，或者遭受互联网上有影响力的评论家的批评时，防弹咖啡的销量就会上升。每当想到与我有共同使命的人会很乐意站出来为科学辩护时，我就充满了力量。所以当我在网上看到毫无根据的批评时，我仍然会默默地说声“谢谢”。记住，感激那些挑战你的人可以帮助你克服恐惧。去感谢批评你的人，这种感觉很棒。

我们都应该感谢像亚蒙和波拉克这样的科学家，他们在发现一些与传统知识相悖的东西时，仍敢于直言不讳，继续挖掘真相。为了在自己的领域做出成绩，他们俩都克服了巨大的障碍，也克服了被同行批评的恐惧。没有这种好奇心和勇气，就不会有创新，世界也将一成不变。

推荐练习

- 屏蔽社交媒体上无用的评论，不要为此分心。你只需要一秒钟的时间，但它们要花更多的时间来编造故事。这样想的话，你就一直是赢家。

- 在屏蔽他们之前，先说声“谢谢”，因为至少他们在谈论你的工作。
- 与网上和线下那些真正质疑你的工作的有效批评者交流，但不要进行人身攻击。他们会教给你很多东西，所以你也要感谢他们。
- 面对他人的批评时，用前文中提到的“情绪堆栈”法。批评总会触及你的羞耻心或骄傲；羞耻心会掩盖住悲伤，悲伤会掩盖住愤怒和骄傲，愤怒和骄傲则会掩盖住幸福。所以，找出你真正恐惧的是什么，面对它，正视批评，直到克服它。

法则 11 找到一件让你充满激情的事

> 革新者的人生从不乏味，他们热衷于寻找让他们着迷和兴奋的东西。没有激情和目标的人生，何来幸福？快去寻找让你神魂颠倒的事吧，然后倾尽一生去追求它。把激情放在金钱之前，成功就会随之而来——但也不要忽视金钱的重要性。

纳文·贾因的人生是一个典型的美国式成功的故事。他从一个揣着5美元到美国求学的印度穷学生，摇身一变成为7家公司的创始人，资产达到亿万美元。他改变了信息业[①]，甚至是太阳系[②]。如今，他的公司Viome正试图运用超前技术揭示人体的奥秘。

纳文是一个工作狂，他热爱工作，每晚只睡4个小时，而他觉得这已经足够了。如今，年近60岁的他身体素质一点儿也不比40多岁的我差。每天早上，一想到又能学到新的东西，他就会兴奋地从床上一跃而起。他说，停止学习的人和死人没有差别，那些觉得人生乏味的人实际上已经死了。世界上有那么多东西等着我们去学习，为什么还会感到生活乏味呢？纳文认为，从你的大脑停止更新的那一刻起，你就成了社会的"寄生虫"，因为你不再能为社会做贡献。当你停止做梦，不再抱有求知欲时，你也就成了行尸走肉。

纳文认为，保持好奇心是最重要的一件事。他不理解那些整天高谈阔论打高尔夫球的人，他认为如果你的时间多到每天在高尔夫球场上待8个小时，那么你的生命已经没有什么价值了。（当然，如果打高尔夫球能让你兴奋或感受到真正的快乐，就另当别论了。）纳文认为我们应该把注意力集中在所关心之事上，区分出哪些事情对我们有益。而对许多人来说，打高尔夫球并没有什么实际的好处。虽然人们常说对某件事充满激情，但纳文觉得每个人都应该找到一件令自己着迷到难以入睡的事情，然后全身心地投入其中。

那么，怎么才能确定自己热爱什么呢？想象一下当你应有尽有时，比如在你身家几十亿美元、有一个幸福美满的家庭、得到了想要的一切后，你想做什么？当你已经拥有了一切，不用疲于赚钱或达成

---

① 贾因的Infospace公司是一家大型互联网公司。

② 贾因的Moon Express（月球捷运）公司准备向月球发射登月航天器。

某个目标时，你想要的东西就是你应该追求的东西。纳文认为，你不应该把赚钱视为人生目标。相反，它应该是你追求其他东西的过程中的副产品。纳文把赚钱形容为性高潮：越想得到，越得不到，但如果你享受这个过程，你终究也会得到。

纳文鼓励人们树立远大的理想，而且这个理想要大到让你周围的人都觉得你疯了。永远不要害怕失败。纳文说，只有放弃才是真正意义上的失败，其他的都不重要。如果你现在做的事情进展艰难，你就会想去适应或改变，只要你不放弃，你就没有失败。每一个行不通的想法都是通往更伟大成功的踏脚石。成功来自你的好奇心和不断学习。

作为家长，纳文认为他要鼓励和培养孩子们的求知欲。人们常说："牵马到河易，强马饮水难。"但纳文认为，千万不要把马牵到河边，只要让它感觉到口渴就够了。因为当马口渴难耐时，它自然会主动寻找水源和喝水。

我希望所有教育体系都把培养孩子的求知欲作为目标，让他们充满激情地步入职场，渴望有所作为。为了更多地了解如何鼓励尽可能多的人发挥最大的潜在影响力，我找到了管理顾问舒伯·乔贺瑞，他曾帮助世界500强企业的首席执行官（CEO）提高业绩。如果你想提高自己的表现，最好多听听他的意见，尤其是关于激情和行动之间的关系。除了如何帮助世界上最具影响力的CEO以外，舒伯还在防弹电台中分享了很多其他东西。他告诉我，他最近在研究如何培养一种关怀他人的心态（以此作为实现个人业绩的途径），以及如何让整个公司都开始关心他人。

舒伯提到了一个叫特丽莎·帕拉布的年轻女性。特丽莎13岁时听说一个11岁的女孩因为遭受网络欺凌而自杀，一个如此年轻的女孩结束了自己的生命，这让她伤心欲绝。她开始研究网络欺凌并发现很多青少年都出于相同的原因自杀。特丽莎认为，社交媒体网站在阻止这一问题的发生上做得还很不够。

她开发了一款名为ReThink（三思）的应用程序，该软件可以利用专利技术收集潜在的攻击性信息，在用户发布可能造成伤害或冒犯的内容之前，提醒其停下来思考可能造成的伤害。她发现，当青少年被要求停下来重新考虑他们的决定时，他们改变主意并停止发布有害信息的概率高达93%。

令舒伯印象最深刻的是，特丽莎没有向成年人或任何权威人士求助。她在发现问题后，选择运用自己的能力解决它。特丽莎展现出的正是舒伯所说的构成关怀心态的4种人格品质：坦率、深思熟虑、有责任心和以结果为导向。

舒伯说，若想成为一个更有爱心的人，先问问自己如何将这4种品质融入生活的各个方面。你能不能在沟通的时候更直接一些？你会三思而后行吗？你做过成功或者失败的事吗？你在有意识地做那些能产生结果的事吗？人的优点各不相同，但他发现责任感是人们普遍缺失的品格。发生问题时，很多人都喜欢推卸责任。对特丽莎来说，她本来可以把解决网络欺凌的责任推托给社交媒体网站或其他权威人士，这样岂不是更省事？但是，她把事情揽在自己身上，主动承担起这个责任。

特蕾莎修女说过："不要等待领导者，独自行动。"革新者不会让恐惧成为他们做事的绊脚石。当你有一颗关怀的心、充满激情、无所畏惧时，你的行动就会带来真正的改变。

推荐练习

- 找到一个让你着迷的理想，并投入尽可能多的时间和精力去追求它，因为它会让你快乐。
- 培养一种有爱心的品格——坦率、深思熟虑、负责任、以结果为导向。

第 5 章　留一点儿时间给自己

看到这里，相信你已经从革新者的智慧中有所收获。你找到了你热爱的事情，并把阻挠你追求它们的恐惧抛在脑后。如果是这样，说明你已经火力全开。这是一种很奇妙的感觉，一生中能经历几次就已经非常幸运了。但如果你一直激情四射，就会有一个潜在的问题。因为你对有意义的工作的热情往往会占据你的整个生活，所以留给你休息和享受劳动成果的时间就变得很少了。工作的成瘾性有时候非常强，愿意为自己的激情拼搏而死的人也不少。

然而，我采访过的100多位成功人士都表示，对他们来说，休息时间对获得成功和幸福感至关重要。为什么？那些如此努力改变世界、争分夺秒的人，为什么会认为挤出时间放松、充电和玩耍是必要的呢？

社会教会我们，把自己逼到精疲力竭，就能取得最大的成功。但那些成功者证明事实恰恰相反。他们成绩斐然的原因在于他们会玩，他们把休息放在首位，甚至把它写进每天的日程中。因为他们知道，如果不这样做，他们就会忙到忘记休息。有些人是经历过惨痛的教训才领悟到这一点的。许多令我印象深刻的嘉宾在体验过精疲力竭后，才意识到要重视休息。我也一样。

在我前半段的职业生涯中，因为自己不敢承认内心深处的恐惧感，我拼命损耗自己的身体，就像一根两头烧的蜡烛，最后艰难地获得了成功。当时的我告诉自己，只有更加努力地工作、赚更多钱，才能变得更快乐。所以我埋头苦干，放弃了假期和睡眠，不给自己喘口气的机会。

但当我真正专注于自我保养，开始把精力、时间和大部分金钱投入到精神和身体的健康上时，我才发现自己并没有得到应有的收获、幸福感和效率。这个策略在我创立防弹公司时确实很奏效，但当我开始追求其他激情（比如制作播客和写书）时，我遇到了瓶颈。我对这三份全职工作斗志昂扬，此外我还是一个丈夫和父亲，所有这些身份和责任让我很容易疏于自我照料。

我决定做出一些改变，比如留出必要的休息时间。现在，当我不出差时，我就会负责送孩子上学，然后留一些时间来提升自我。“我向自己承诺，要利用这些时间让自己成为一个更好的人。”有时，我会利用这些时间在实验室里做实验；有时，我会冥想或者跟随巴里·莫古兰边做伸展运动边冥想；有时，我的大脑会飞速运转，我也会在早上脱掉衬衫在阳光下散步，重新设定自己的昼夜节律。

关键的一点是，我会在开始工作前完成这些事。我向我的出色的行政助理争取了很久，才让他们明白一定要这样安排。不过，自从他们明白了这一点，就坚持到现在……因为坦白地说，我不会强迫他们做任何事。我太在乎自己做的事了，所以如果由我决定，我会逐渐减少工作时间。毫无疑问，把时间留给自己，自由安排，这有助于我成长为一名作家、主播、首席执行官和父亲。

我还制定了一个时间安排的优先顺序，也许你也用得着。我把它分享给公司的员工，特别是那些帮我做日程安排的人。很简单，健康永远是第一位的，因为它决定了你在其他方面的表现；第二位是家人（还有和家人一样亲密的朋友）；第三位是工作。而大多数人的生活顺序正好相反：他们把工作放在第一位，把家人放在第二位，把健康放在最后一位。

事实上，如果你不把自己的健康和幸福放在首位，你就永远无法成为你想成为的员工、伴侣、父母或朋友。只有当你留出时间休息，让每个人都看到你这样的日程安排时，你才能更好地照顾你的家人，在工作中更有效率，并发挥重要的作用。

法则 12　别把自己绷得太紧

“

动物只有在饥饿或被捕杀时才会把自己逼到极限。在休息不足的情况下逼迫自己，你的身体会认为你受到了威胁，从而自动‘关闭’一些不必要的系统（比如，让你保持年轻、愉悦和激发你思考的系统）。每个人都应该学会善待自己，像跑马拉松一样去生活，让冲刺和休息交替进行，劳逸结合。张弛有度才能在整场马拉松长跑中保持激情和活力。

”

伊莎贝拉·温兹是一位药学博士，她改变了成千上万名甲状腺疾病患者的命运。温兹撰写的《桥本甲状腺炎90天治疗方案》入选了《纽约时报》畅销书排行榜，这本书凝结了她多年来对自己身体问题的研究成果。她从激素优化、克服创伤应激、根除慢性感染、改善营养和清除毒素等方面入手制订治疗方案，已经帮助许多人战胜了桥本甲状腺炎这种非常常见的自身免疫性疾病，让他们重获健康。我也患过桥本甲状腺炎，不过抗体检测呈阴性，没有任何症状。温兹的书深入研究了这种疾病的复杂生物学原理，深受读者欢迎，连续数周登上《纽约时报》畅销书排行榜，因此我决定邀请她来参加我的节目。

在确诊患上桥本甲状腺炎时，温兹已经与慢性疲劳症斗争了近10年。小时候的温兹是一个活泼可爱的孩子，人们都叫她“活力兔”。她精力充沛，活力四射，成绩优异。（现在的她又恢复到以前的样子了。）但从大一开始，她变得无精打采，整天昏昏欲睡。因为无法早起，她经常逃课。有一天，她在期末复习时睡着了，从头天下午2点一直睡到第二天上午9点，而期末考试在当天早上7点就开始了。

这种情况持续了好几年。虽然温兹每天都睡足14个小时，但醒来后还是感到很累。当其他小伙伴都在享受20多岁的青春时光、忙着实现自己的目标时，温兹却在昏睡中度过。不久后，她开始出现脑雾、腕管综合征、胃酸倒流和肠易激综合征等其他症状。后来，惊恐症又导致她记忆力衰退，就连最简单的事情也记不住，只能把所有事情都写下来。她一直坚信自己会成为了不起的人，但不管她怎么努力，都不见成效。

直到9年后，温兹才被确诊患有桥本甲状腺炎——一种由免疫系统攻击甲状腺引起的自身免疫性疾病。几年后，她重获健康。后来，她成为一名药剂师。再后来，她成为治疗桥本甲状腺炎的专家。她的治疗方案帮助一些患者在短短两周内取得了显著疗效。

将休息放在首位，又与这个例子有什么关系呢？在对数千名桥本甲状腺炎患者进行治疗、访谈和调查后，温兹博士得出了一个结论：压力是促使患者从第一阶段（有相关的基因）过渡到第二阶段（开始出现症状）的首要因素。约70%的患者表示，在进入第二阶段后，他们都经历了一段压力巨大的时期。

这是因为当你感到压力很大却又得不到缓解时，你的身体会认为它受到了威胁，进而引发炎症，白细胞就会攻击甲状腺或身体的其他系统。这种人体利用自身的防御系统攻击自己的反应，就是自身免疫反应。温兹博士说，预防桥本甲状腺炎（或其他自身免疫性疾病）最有效的方法之一，就是尽量避免做会让身体“认为”受到威胁的事情。它的作用比你想象的要大得多——多达20%的人都患有自身免疫性疾病，而且发病率正在以每年20%的速度攀升。[1]对压力较大的人来说，这一比例可能会更高。

日常生活中的哪些事情会增加你的患病风险？该如何避免呢？交通压力、不健全的人际关系、睡眠不足、愤怒、为了减少热量摄入而使身体变得不健康……这些因素都会增加你的患病风险，通过分析你的生活，尽可能地排除一切威胁你身体的东西，让你的神经系统得到明确的信号——你是安全的。

温兹博士指出，大部分桥本甲状腺炎患者都像她和我一样，是喜欢把自己绷得过紧的A型成功人士，这并非巧合。她会要求她的病人在一个月内不给自己任何压力。她还通过专注力练习，帮助患者在身体出现问题前释放压力、缓解焦虑。当老板说出一些带有挑衅或冒犯意味的话时，你可以先冷静下来，试着去理解对方，而不是急于给自己压力。温兹博士还说，要理解别人，先要理解自己。她说得很对。

许多A型人士认为，理解自己是一件很无聊的事。实际上，像呵护自己的孩子或宠物一样去呵护你的身心是很重要的（虽然孩子或宠物比你的身体系统要聪明得多）。而排除压力和多做你喜欢做的事情就是在呵护你自己。换言之，尽量少做不能给你带来快乐的事情，尽量多做能使你快乐的事情。这可以改变你的基因、你的表现和你周围人的生活，而且这不难做到。

正如白手起家的企业家、身体健康的发明家马克·贝尔所说，只有你才是世界上最重要的人。马克是史上十大举重运动员之一，他利用这一优势开创了自己的事业，包括著名的超级健身馆和超级训练产品。他认为，无论你的目标是什么，你首先要照顾好自己。在温哥华岛上接受采访时，他说，空乘人员总是指导乘客在遇到紧急情况时，应该先给自己戴上氧气面罩再帮助孩子佩戴氧气面罩。这是因为，如果你连自己都照顾不好，就谈不上去帮助别人。如果不把休息和照顾自己放在首位，你就会变得疲惫不堪。

马克不仅把帮助别人当作自己的使命，还投入大量时间提升自我，比如读书、听音乐、做主播、散步或安静地坐着。这似乎违背了人的本性，但只有当你不再强迫自己，尊重自己的身体极限时，你才会收获更多。

并非只有A型人士才容易感到精疲力竭。我在与全世界最前沿的治疗师和精神领袖交流时了解到，他们也会因为把全部精力投入自己的工作或把他人的需求看得比自己还重要而感到疲惫不堪。

这是一个非常严重的问题。杰克·坎菲尔德几年前创办了一个邀请制的个人发展领导者团队，每年都会在度假村组织两次聚会，我也有幸参与其中。坦白说，在听到这么多个人发展界的人物讲述他们为了帮助别人几乎耗尽自己的所有能量后，我感到非常震惊。静养期间，他们只专注于自我保健，好像不这样做就无法活下去。考虑到这些人曾经帮助了数百万或者数千万人，这么说并不夸张。

我在防弹培训机构组织的“无极限”活动中曾采访了禅宗导师根波·罗希。在数十年的研究中，他把自己学到的东西提炼成一套“大思想”学说，并改变了数千人的人生轨迹。

根波曾经做过错事并为此付出了代价。在与他的治疗师和导师交流后，根波认识到他做错事的原因。他觉得自己多年来一直在为别人服务，非常辛苦，所以有权享受一点儿乐趣。之后，他决心从错误中吸取教训。当他开始研究界限、诚实和正直的重要性后，他的生活发生了天翻地覆的变化。

根波将这个错误比作癌症（他的确在2003年患过癌症）。现在，他认为这个错误是发生在他身上最好的事情之一，但他不希望其他人重蹈覆辙。他目前的工作就是帮助人们避免犯错。

为了弄清错误的源头，根波研究了中国禅宗哲学（对人类行为和思想的研究）中发展的5个阶段。第一阶段是看见更大、更高、更伟大的事物，叫作觉醒。人一旦有了这种觉醒，就可以开始虔诚地修行，探求智慧。这最终催生了第二阶段——“大怀疑”。因为即使有人在做他应该做的事，他仍然是不快乐的。

在根波觉醒的第一年，他非常快乐。但他的怀疑态度又让他质疑一切，包括快乐本身，甚至是现实。他质疑自己真正经历了什么，得到了什么，学到了什么。提出问题，然后经历它，最终承认自己的怀疑，让他又一次觉醒，这是第三阶段的发展。在这个阶段，个体成为绝对的现实。没有相对的存在，没有恐惧，没有痛苦，没有自我，也没有他者。

根波说道，许多精神导师都被困在这里，因为到达第三阶段时，他们认为自己已经全然放下自我，而这恰恰是最自我的想法。根波的错误亦源于此。他说，当他达到这个阶段时，他不愿意接受反馈，因为他认为自己很开明。然而，无论一个人多么开明，自我终究是存在的。（在我看来，这是因为自我是保持肉体活力的运行机制。）意识到这一点后，自我会成为你最后的主宰。它会告诉你什么是对，什么是错。没有它，就谈不上规则。

第四阶段是堕落，而且这个阶段是无法避免的。根波认为最好能尽快度过这个阶段。在这个阶段，你会放下觉醒，将恐惧、阴暗、愤怒等不良情绪融入自我。之后，你会觉得自己已经完全堕落了。第五阶段是更加彻底的堕落，在这一阶段，一切都不存在了。光明和黑暗完全融入自我，你穿梭于两者之间。

这是一次富有启发性的谈话。显然，我还需要经历几个阶段。尤其是根波所说的他对别人的付出让他觉得自己有权利享受快乐，这让我特别感兴趣，它在很大程度上反映了我们对自我牺牲的文化态度。无论你是佛教徒、工作狂，还是为人父母，我们都喜欢赞美自我牺牲并将其上升到一定高度。自我牺牲的文化和我们赋予它的价值阻碍了我们的表现。

这也再次表明，即使照顾他人是出于你的精神喜好或工作所需，把照顾自己放在首位仍然非常重要，如果不这样做，后果将非常严重。

为了寻求这方面的实用指导，我找到了佩德拉姆·苏亚伊，他是《纽约时报》畅销书《城市修士：东方智慧与现代小技巧》的作者，也是东方医学博士兼Well.Org组织的创始人。他擅长运用东方传统智慧帮助西方人克服生活中的困难。如果有人说他知道如何把休息时间排在首位，那么他一定是“城市修士”。另外，我知道他言行一致，他就是这么做的。他是我的朋友。

苏亚伊的第一份工作是在一家私人会所做针灸师，客户主要是一些身份显赫的人物，因此他有机会直接了解成功人士夜不能寐的原因。他发现，成功人士总是把金钱和经济上的成功看得比家庭和情感健康更重要，所以常常感到不快乐。这件事改变了苏亚伊对成功的看法，以前的他也认为成功是用金钱衡量的。

苏亚伊建议，在确认对你最重要的事是什么以后，设定30天、60天和90天要达成的目标，然后权衡每个目标的时间安排。接下来，拒绝所有和目标无关的事情。因为接纳新事物通常意味着要否定既定的事情，否则就会造成时间不够用和工作超负荷的问题，增加你的压力。大多数人都有压力，因为人们总是把自己的时间表排得满满当当，要做的事情太多，而时间又太少，没空做瑜伽或冥想这些可以帮助你设定时间界限的活动。很多人都不太在意自己的时间，但一些小变化或小习惯可以帮助我们改变这一点。

首先，列出5件最重要的待办事项，以及分配给每件事的时间，再看看自己一共有多少时间。苏亚伊认为，和你想做的事情无关的都是不重要的事，就像花园中的杂草。当你把花园里的杂草修剪掉，专心培育植物（重要事项）时，你的花园就会变得生机盎然。

为了专注于自己的待办事项，苏亚伊博士每天都用番茄工作法有意识地调整自己的思维和注意力。番茄工作法是弗朗西斯科·西里洛在20世纪80年代创立的一种时间管理方法。苏亚伊会设置一个25分钟的计时器，在这段时间内他只专注于某件特定的事情，时间一到就休息5分钟。在这5分钟里，他会活动一下身体，喝口水。我有时也会这样做，但更多时候我会在健身器械上做拉伸运动、喝咖啡，至少早晨的时光是这样的。每个人都有自己的习惯。

刚开始，苏亚伊博士担心休息会浪费时间，但在与数百家公司就员工健康问题进行了合作之后，他见证了员工恢复活力的效果。旷工率下降，而生产力、幸福感和绩效都得到了提升。员工们并不认为他们不应该休息，而是意识到他们不能不休息。

适合苏亚伊的方法可能不适合你，你应该去尝试不同的策略，包括积极地关爱自己和培养更好的时间管理习惯，帮助你远离压力和倦怠。这样一来，你就可以在不强迫自己的情况下超越极限。

推荐练习

- 想想你经常会做哪些让身体觉得受到威胁的事情，之后不要再做这些事情。
- 写下生活中让你消耗能量最多的三件事。

______

- 写下最能给你的生活赋能的三件事。

______

- 你在消耗精力的事情上花了多少时间？

______

- 你在制造能量的事情上花了多少时间？

______

- 是什么消耗了你的能量，并给你的神经系统带来威胁？哪些事情会消耗你的精力，你能不做这些事吗？

______

- 怎样用最简单的方法说服别人去做那些消耗精力的事情？你会说服谁来做这件事？

______

• 即使你要花很多时间照顾别人，也要把善待自己放在首位（尤其是妈妈们）。你应该像预约牙医或面试一样给自己留点儿时间。

∗你每天会花多少时间关爱自己？

∗你每天什么时候做这件事？

• 写下你每周和每月的健康任务，坚持6个月。打开你的日历，现在就行动吧！

∗每周健康任务。

∗每月健康任务。

• 写下你在30天、60天和90天内要达成的目标，然后给你的这些目标安排合适的时间。拒绝与你的目标不一致的其他事情，或者让别人去做那些事情。你需要一个日记本来做这件事。

∗何时你会写下这些？

∗何地你会写下这些？

∗你有没有在日历上写下它们？

法则13　利用早晨的时间创造奇迹

> 如何开始新的一天，为你每日的生活奠定了基调。记住，无论你几点钟起床，都不要理会外界的环境，因为这是压力、倦怠和挫败的源泉。你每天醒来后做的第一件事就是关注自己，为这一天做好思想和身体准备，确定好一天的待办事项，再开启这一天。

也许你可以了解一下哈尔·埃尔罗德是如何看待奇迹的。哈尔是一名励志演说家、成功学导师，也是畅销书《早起的奇迹》的作者。（就算你和我一样晚起，他的建议也会令你受益匪浅。）哈尔曾经两次战胜“死神”。20岁的时候，他被一辆时速为70英里[①]的汽车撞倒，命悬一线，幸运的是6分钟后他恢复了意识。他克服了医学偏见，不仅恢复了行走能力，还凭借着他的热情和意志力完成了52英里的超级马拉松比赛。后来，他成为著名刀具公司Cutco的金牌销售代表和全美销售冠军。成为畅销书作家之前，他还是一名活跃的主题演讲嘉宾。

哈尔声称，在Cutco公司时，他的导师教给他的“5分钟法则”改变了他的生活。根据这条法则，当遇到不顺心的事情时，我们可以允

① 1英里≈1.6千米。——编者注

许自己有消极的情绪，但不能超过5分钟。你可以设置一个计时器，让自己用5分钟的时间来抱怨、发牢骚。5分钟过后，就不要把精力放在无法改变的事情上，而开始专注于你想做的事情以及如何在可控的范围内做到这些事。

那次事故之后，哈尔把这条法则付诸实践。在他从昏迷中醒来的一周后，医生对他的父母说："我们很担心哈尔。他的身体状况很好，但他似乎在逃避现实。"他们不理解哈尔为什么还能整天和护士、治疗师说笑，他们认为这对一个无法再行走的年轻人来说是不正常的表现。所以，医生们认为哈尔肯定是因为接受不了残酷的现实，所以选择自欺欺人，停留在一种自我营造的妄想中。

哈尔并没有逃避现实，而是在按照"5分钟法则"生活。他觉得，既然事故已经发生了，就算天天以泪洗面、一蹶不振，也不能改变事实。相反，他看到了两个可能性。如果医生的判断是对的，他真的再也不能走路了，那么他会坦然接受。但万一他们的判断是错的呢？

事实证明，医生的判断确实错了。在哈尔陷入昏迷、股骨断成两部分、骨盆粉碎成三段的短短三周后，他可以站起来走路了。一个月后，他不顾医生的反对出了院，回到工作岗位上，还打破了销售业绩纪录。支撑他的不只是他还能走路的希望，毕竟积极思考不能解决所有问题。哈尔相信，真正创造奇迹的关键在于尽可能让自己处于最佳的精神和身体状态，只有这样才能收获最好的结果。

哈尔认为，早上是最容易进入这种状态的时间。现实生活中，大多数人都是因为迫不得已才起床，他们必须卡着时间到某个地点、做某件事或回复某人，并设定好闹钟。也就是说，他们的一天是从满足别人的需求和应付眼前的事情开始的。他们没有把自己的需求放在首位，也没有做符合自己价值观和目标、经过深思熟虑且有目的性的事情。一日之计在于晨，哈尔会利用早晨的时间提升自己，确保自己的状态比前一天晚上更好。他每天会抽出一个小时的时间，做一系列他认为拯救了他的生命的例行活动：沉默、肯定、想象、锻炼、阅读和抄写。这就是他的神奇早晨，是支撑他在逆境中成长的“氧气罩”。哈尔把这个冗长的过程浓缩成5分钟，这样每个人都能腾出时间来做这些练习。

哈尔接着说，如果不在早上做这些练习，你在接下来的一天中将很难体验到它们带来的好处。这些练习会影响你的潜意识，改变你一整天思考、行动和反应的方式，进而影响你的生活质量。他建议晚上做其他练习，比如问问自己当天有没有哪件事可以做得更好。这个方法很简单，它可以让你在自我提升的同时逐渐对不完美的想法变得麻木，这样就不会伤害到自己了。

哈尔指出，神奇的早晨及其激活的精神、身体和情感状态，挽救了他的生命。2016年，哈尔被诊断出患有急性淋巴细胞白血病，但仅仅两周后，他就可以跟我一起出差了。虽然患癌症不是他有意识的选择，但他相信自己知道如何应对癌症。通过接受自己无法改变的东西，对自己拥有的一切心存感激，从消极的经历中发现并创造意义和目标，他发现逆境中暗藏着可以改变人生的契机。事实上，我相信哈尔在应对癌症的过程中，也遵循了本书介绍的几乎所有法则。

在我写作本书时，哈尔的病情逐步缓解。我们都会面临逆境，这取决于我们给逆境赋予什么意义，它对我们自己、我们爱的人以及更大的事业有什么作用。我坚信他会利用早晨的时间创造出更多的奇迹。

推荐练习

- 在每天早上醒来后做一些有意义的事情，比如写日记、冥想或者写下你的目标，从中找出最适合你的方法。
- 睡觉前把手机调成飞行模式，待早晨的练习结束后再调回工作模式。
- 当你想要发泄、抱怨或有一些消极想法时，立刻寻求宣泄的渠道。如果你找不到宣泄的出口，可以设置一个5分钟的计时器让自己放松下来。时间一到，就要回到高效的状态。

第二部分

效率进阶篇

第 6 章　建立良好的亲密关系

这部分内容从性爱开始。实际上，那些成功者给出的自我提升建议中并不包括这一部分。虽然很多嘉宾在采访中都聊到了这个话题，但极少有人直言它的重要性，也许是怕被视为享乐主义者或肤浅的人吧。的确，很多人在谈到性这个话题时都会感到羞耻和尴尬。有些人在很小的时候就被灌输这样的观念："性"是肮脏的，不应该公开讨论。

因此，我缺少这方面的数据。但在我的数百次采访中常能听到它，所以我也不能闭口不谈。当然，这是对你最重要的三件事之一，无论你是男是女，它都会在你没有意识时直接影响你的表现。性会影响你的激素水平、神经递质、脑电波和整体幸福感，进而影响到你作为父母、伴侣、朋友、员工或其他你想成为的角色的能力。

正如前面所讲，我们会按照重要性来做三件事：战斗（或逃跑）、进食和本章要讲的第三件事。这些行为能确保你生存和繁衍后代，所以你的身体会优先考虑这些行为。这意味着你的身体会运用最多的能量来支持这些本能，所以，关键是要掌握这些动机，这样你就可以根据自己的需要调整它们的能量分配。性爱使你的身体认为自己是活着的，所以它是一种强大的动力。它既会消耗你的能量，也会让你的表现更加出色（如果你遵循本章提出的建议）。

法则 14　将性能量转化为创造力和生产力

> 如果你是男性，你要学会如何调整你的性能量，成为一个更好的人。你的身体需要消耗大量能量来保证物种繁衍，如果你能更好地利用这些能量，你就会变得更加快乐、长寿和成功。当你告诉你的身体，没有高潮（就像饿一顿一样）并不是世界末日时，你的压力就会下降，能量则会上升。欲望就是欲望，它会让你偏离正轨，除非你能掌控它。

2011年，纽约大学的研究人员发现了一些关于性和暴力的有趣现象。他们将感光蛋白注入雄性老鼠的大脑，然后用光纤技术刺激这些蛋白。具体来说，这些蛋白质被注射到老鼠的下丘脑中，下丘脑是大脑中参与某些代谢过程的区域，包括饥饿、体温和激素调节。他们把雄性老鼠放在一个笼子里，用光线刺激下丘脑，老鼠突然变得狂躁起来。不知出于何种原因，这些原本温顺的老鼠开始袭击其他老鼠或周围的物体。

只有一种活动可以阻止这些暴力行为：性。研究人员在老鼠交配时刺激了老鼠大脑的同一区域，却没有发现暴力行为。有趣的是，雄鼠射精后又会回到容易被激怒的状态。研究人员观察老鼠的个别神经元后发现，老鼠在打架和交配时活跃的神经元是相互重叠的。[1]

这可能是科学家第一次在神经元层面上发现暴力和性行为是由大脑的同一部位控制的。当你思考这个问题的时候，你会发现这两种维持物种生存的行为受大脑的相同部位控制是合理的。只有击退捕食者，物种才能生存；交配则确保了物种的持续。这说明将性能量引导到积极方面是非常重要的，心理学家和精神导师称之为“升华”——有意识地将性或其他冲动转化为创造力或身体行为。拳击手和一些职业运动员早就知道在比赛前应该禁欲，据报道，穆罕默德·阿里会在拳击赛前6周开始禁欲，一些参加世界杯的球队甚至禁止球员在比赛前有性行为。[2]

拿破仑·希尔于1938年出版的畅销书《思考致富》，让我第一次了解到这种观点。这本书影响深远，可能是第一本关于商业和个人发展方面的书籍，在出版后广受好评并大获成功。这本书用了一整章的篇幅介绍男性如何将性能量转化为生产力，希尔的结论是基于观察得出的，因为他没有接触过神经科学，但他的观点和方法对我很有帮助。据他说，男性的性冲动是他们拥有的最强大力量，我采访过的几位杰出人士也赞同这一观点。

其中就包括知名两性关系书籍《男人来自火星，女人来自金星》的作者约翰·格雷。在过去几十年里，他一直在研究激素对两性关系的影响。

约翰认为，人与人之间的关系是存在于个体之间的一种系统，关系出现问题，往往源于该系统中男女激素的失衡。他认为，如果我们开始更多地关注和尊重这些差异，我们就能极大地改善性生活和两性关系。

女性的性激素水平在一个月内会自然地起落，变化幅度比男性大得多。大多数绝经前的女性会在月经周期的第12天左右排卵，那时雌激素激增，因为进化需要女性具有生育能力。所以从月经周期的第6天到第12天，女性的激素水平使其更愿意发生性行为。约翰把女性排卵前后的这段时间称为“爱情窗口”。

除了女性的自然激素周期外，还有什么方法可以刺激雌激素分泌呢？格雷认为伴侣关系也是一个办法。当女性认为她的伴侣满足了她的需求（除了性）时，她的身体就会释放雌激素。我的意思并不是说女性欲求不满或软弱无能，而是说她们可以在激素变化的过程中获得额外的益处。约翰认为，女性生理系统的运转需要一个可靠的伴侣，以便繁衍后代。这是进化的需要，所有哺乳动物都如此：如果环境不安全，它们就不会繁衍。

约翰解释说，在这个“爱情窗口”开始的时候，女性常常会觉得自己被丈夫忽视了。其中，一种可能是她的丈夫的确是个混蛋，另一种可能是她体内激素水平的变化影响了她对丈夫行为的看法。约翰说，随着女性激素水平的增加，她的身体会释放一个卵子用来受精，这时候她很希望产生一种联系和支持的感觉。约翰建议，男性应该在“爱情窗口”开始的时候安排一次特别的约会。如果女性感到被关心，她的身体就会释放雌激素。如果男性乐意满足女性的需求，他的身体就会释放雄激素。值得注意的是，年龄和激素在这里扮演着重要角色，绝经后的女性和睾酮水平较低的男性不会出现这种激素波动。

如果恋爱期间一切进展顺利，伴侣间发生性关系的可能性就会更大。从生物学角度说，这是一个女人最有可能找到伴侣的时候，也是她最有可能达到性高潮的时候。看到伴侣达到性高潮，男人的激素水平会翻倍，因为他会觉得自己像个英雄。男性的雄激素水平会在射精后下降，并在一周的时间内逐渐恢复。

为了优化男性和女性的激素水平，约翰建议性行为的频率为每7天一次。也就是说，每次禁欲一周，这对于雄激素水平较低的男性尤其重要。遗憾的是，如今许多男性的雄激素水平都比较低。在30岁以上的男性中，大约有1/4的人的雄激素水平较低。[3]就像你的大脑会提醒你吃得太多一样，你脑中是否有一个声音告诉你性行为过于频繁呢？也许吧。

约翰说，很多夫妻在发生了性关系后马上就会遇到问题。他们在一起度过了一段美好的时光，感觉彼此亲密无间，但这种亲密关系会让男性的雌激素水平飙升，雄激素水平骤降。你可能还记得独立的感觉会刺激雄激素的产生，但遗憾的是，这意味着男性此时正在恢复他的雄激素水平。他把自己封闭起来，专注于一项与伴侣无关的活动。约翰认为，从生物学的角度看，这种行为是可以预测的。当一个男人从一段亲密关系中抽离时，他其实正在重建他的雄激素水平。（尽管有时他可能只是一个混蛋。）

即使你不想遵循这些建议，了解性激素如何激发你的生理机能也很重要，因为它们是性欲的主要来源。畅销书《黎明时分的性》的作者克里斯托弗·瑞安改变了人们看待亲密关系的方式。他说，一夫一妻制在更大程度上是一种文化上的选择，而不是基因上的本能，人类的性行为看起来更像我们的灵长类亲戚黑猩猩，只是我们不愿意承认这一点。不过，克里斯托弗并不建议我们摒弃一夫一妻制。相反，他说，一夫一妻制是一个决定，而不是一种本能。他从我们的另一种本能需求——吃——中得出了一个结论：吃素食不是一种本能，而是一种选择。对大多数人来说，这并不一定是天生的，也不意味着培根的味道不再好闻。（作为一名曾经的素食主义者，我可以告诉你他是对的。我还可以告诉你，我农场里的小猪很喜欢吃甘蓝，但在我还是素食主义者的时候，我觉得甘蓝难以下咽。）

在一夫一妻制中，无论你多么爱你的伴侣，你都有可能被其他人吸引，这是人性的一部分。当你被别人吸引或者把其他人当作性幻想对象时，这并不意味着你或者你的婚姻关系有问题，而仅仅意味着你是一个激素水平正常的智人。

看到克里斯托弗的观点与约翰·格雷的不谋而合，你可能会感到惊讶。克里斯托弗说，当一夫一妻制的男性与新伴侣发生性关系时，他们的雄激素水平会上升。因此，出轨会让男性在激素水平上自我感觉良好。在一夫一妻制中，男性可以使用约翰的方法来保持雄激素水平，这可能会抑制他们出轨的冲动，从而维持正常的伴侣关系。

在我研究这一理论的过程中，我探索了东方哲学，发现有些哲学还给男性的射精频率制定了一个公式：

（男性的年龄－7）÷4

用这个公式可以计算出男性理想的射精间隔天数。男性如果想要长寿，应该每30天射精一次，每次的性高潮时间应该控制在一个小时以内。

我在39岁的时候测试过这个公式。根据公式，我理想的射精间隔天数是8天，非常接近约翰·格雷的建议。我用了将近一年的时间来实践这个公式，记录下我的射精频率和我对生活质量的感知，并用1~10进行评分（1 = 体验很糟糕，5 = 体验正常，10 = 体验很棒）。此外，我还把对自己的职业、精力、人际关系和健康的满意程度纳入评分。

虽然有点儿尴尬，但为了展示控制欲望对个体表现的重要性，我将在这里分享所有的结果。如果我的性生活数据（没有有趣的细节）让你感到不舒服，请跳过这部分不读。我保证我不会被冒犯，但你将会错过一些非常有趣乃至令人惊讶的结果，而它们可能会适用于你。关键在于，你的身体正在将大量能量汇集到性行为中，而你可以将这些能量用在其他地方。

在实验的第一阶段，我遵循了公式的要求，两次射精之间间隔8天，这与约翰·格雷的“每7天射精一次”的理念非常相似。在最初几天的挫败感过后，那种能量必须通过其他地方释放，只需一点儿努力，它就会进入生活的其他部分。随着实验的进展，我发现我对生活的满意度不断提高。

下一个阶段，我试着把两次射精的时间间隔延长到30天。这很难，但实验结果是惊人的。我的生活满意度有了大幅提升，我的性欲（再次）达到顶峰，工作效率非常高，整个人充满活力。

实验的最后阶段是禁欲30天，我称之为“僧侣模式”。“这非常有挑战性，我不建议你这么做，除非你想挑战你的意志力。”经过了最初几天的不适应，随着时间的推移，我确实变得更快乐也更高效了，但结果不如之前30天的挑战那么好。30天后，我对生活的满意度下降了约20%。庆幸的是，经过几周的锻炼，一切又都恢复正常了。

这个实验告诉我，长时间处于“僧侣模式”并不好，但它确实让我更清晰地意识到射精后的感觉。我发现我有2~3天的“射精后遗症”，其间我没有精力做正事，生活满意度比较低。当我射精次数减少时，我会更喜欢生活中的每一件事，这有点儿出乎我的意料。

有很多科学发现可以解释这种现象。射精后，男性体内的催乳素急剧增加，这会抑制他们的性欲，让他们想要休息一下。[4]女性在性高潮后也会产生催乳素，但水平与男性不同。催乳素会抑制多巴胺分泌，多巴胺是一种“让人感觉良好”的激素，这解释了为什么很多人在产生催乳素后的几个小时内会感到有点儿抑郁。

催乳素水平升高会降低男性的雄激素水平，这也是研究表明禁欲三周可以提高健康男性雄激素水平的原因之一。[5]与此同时，不射精的性生活也可以增加雄激素水平，使之升高72%。[6]

值得注意的是，这个理论认为女性的性高潮是“不会减少”的，所以这个实验只针对男性，而做过这个实验的女性普遍体验都比较糟糕，因为她们的催产素水平会急剧下降。对男性来说，在伴侣的支持下更容易遵守这个规则。

当我第一次提到这项研究时，许多防弹电台的听众私下告诉我，他们的尝试取得了惊人的成功。几对夫妇说，这个实验从根本上改善了他们的伴侣关系。一个快30岁的年轻人在入职60天后获得了加薪。还有一个人终于有了足够的精力去创办一家公司，这是他一直以来的梦想。在我进行实验的那一年，我刚当上爸爸，在做全职技术主管的同时，兼职做防弹公司的工作。

推荐练习

- 如果你是一名女性，确定你的“爱情窗口”，看看约翰的发现在你的生活中是否有所体现。让你的伴侣安排一个约会。
- 如果你是一名男性，看看约翰的雄激素理论是否适合你。如果你有伴侣，询问她的“爱情窗口”是什么时候，然后安排一个约会。
- 将你的性行为与整体生活满意度绘制成图表，看看性高潮是如何影响你的能量、幸福感和效率的。
- 如果你是一名男性，通过减少性高潮次数，进行高强度的运动，减少糖的摄入量，增加健康脂肪的摄入量，甚至在必要的时候远离你的伴侣，来提高你的雄激素水平。

法则 15　女性性高潮有助于提升表现，减缓衰老

> 有规律的性高潮可以最大限度地提升女性的表现水平。达到性高潮时，女性的身体里与幸福和表现相关的激素水平都会上升。性高潮能改善女性身体的免疫系统，让她们容光焕发，还能让她们体验到更高层次的幸福感，改变意识状态。

在花大量时间思考我的性高潮之后，我觉得采访一些女性精英的性高潮情况，应该更有说服力。我采访的第一位女性精英是艾米丽·莫尔斯，她是一位性学博士，也是广受欢迎的播客“Sex with Emily”的主播。莫尔斯博士做这个节目时背负着一种使命感，她希望人们了解女性性高潮的力量，从而帮助她们拥有最好的性生活。

莫尔斯博士在采访中说，她来自一个非常开明的家庭，所以她在“性”这个问题上没有什么顾虑。她的母亲告诉她：“你在这方面有什么不懂的，可以和我谈谈。”莫尔斯没有任何问题，因为她身边没有人谈论性这个话题！在她长大有了性生活之后，她也不觉得这有多么刺激。然而，当她听到一些朋友谈论“性高潮”的时候，她问：“那是什么？”这个案例太普遍了，这也是我写作本章的原因之一。

现在莫尔斯博士会到世界各地参加与性有关的会议，了解性学的最新和最重大的研究成果，并帮助女性将这些研究成果运用于她们的性生活。女性性欲低下是莫尔斯最关注的问题，她遇到的很多女性都

为此感到沮丧和绝望。莫尔斯博士发现，一些简单的事情，比如增加血流量，可以有效增强女性的性欲。

女性（和男性）在血液流向生殖器后才能感受到性欲和高潮。凯格尔运动是一种简单的解决方案，这项运动可以锻炼盆底肌肉，就是人体控制小便的肌肉。每天进行几次练习，每次持续 10 秒钟，通过收缩和放松骨盆肌肉可以使男性或女性受益。这种运动会使男性控制射精的能力更强，性高潮更强烈。它会使女性经历更强烈的性高潮、有效防止尿失禁，并具有更强烈的性欲。

接下来，我采访了乔琳娜·布莱顿博士，一位专门研究如何改善女性健康状况的医生。布莱顿博士告诉我，当女性每周至少有一次或两次达到性高潮时，她们会感觉更好，寿命也有可能更长。根据她的研究，有规律性高潮的女性免疫系统的调节能力更强，炎症指标更低。这是有道理的，因为女性在达到性高潮后，压力激素皮质醇的水平会降低，而这种物质会导致炎症。这意味着更多的性高潮有助于减少压力、疾病，减缓衰老，但这只对女性而言。除此之外，本书中几乎所有建议都适用于男性和女性。

女性性高潮有助于维持健康的激素水平，缓解压力，开启意识改变状态。[7]虽然频繁的性高潮往往会降低男性的雄激素水平，但它们会促使女性体内分泌更多雌激素[8]和催产素[9]。催产素被称为“爱的分子”，因为它能促进社交、信任、放松和慷慨。女性在与伴侣发生性行为后感受到的兴奋、温暖也要归功于催产素，雌激素可以增强催产素的作用。[10]当女性达到性高潮时，它们会协同合作，让人感到放松和舒畅。

最重要的是，女性的神经递质血清素在产后会增加，从而使情绪更加高涨。[11]基本上，较频繁的性高潮对女性和对男性的作用是一样的。

推荐练习

- 如果你是女性，你的性高潮是你健康长寿的关键因素，也是你实现这个目标的一种方式。
- 如果你的性欲低下，一定要定期做凯格尔运动来提高性欲。
- 如果你是男性，你要多关注女性伴侣的快乐，这样你们才能白头偕老。

法则 16 性爱能帮助你达到心流状态

> 性爱是通往代表高效能的心流状态和意识改变状态的窗户。如果你想进入这两种状态，就要鼓起勇气去追寻能突破你的极限的事情。当你的身体去寻找它想要的东西而不再想着性的时候，你就能获得更深层次的自由、治愈和创造力。

高潮对男性和女性有着不同的作用。但是，除了性高潮之外，性还有更深的精神层面的作用，所以我也采访了那些研究如何利用我们的性潜能达到心流状态的人。在心流状态下，你的身体和思想可以表现得更好。娜塔莉是我的目标采访对象之一，幸运的是，她和我的一个体育教练一起锻炼，所以我很容易就找到了她。

这绝对是一次出乎我意料的采访，娜塔莉使用多种方法来帮助参与者进入心流状态。

娜塔莉的工作将性带入了未知领域。我们都知道大多数童话故事的开头和结尾不外乎“很久很久以前”和“他们从此幸福地生活在一起”，同样地，性爱的标准模式是从前戏开始到高潮（理想情况下）结束。

但娜塔莉和她的客户反映，这会让性变得千篇一律，也会让你越来越没有成就感。另一个问题是，这会让你把性高潮当作一个目标。当你专注于完成某件事时，你往往会错过过程，无法完全放手让事情自然发展。你还会建立一种双方都应达到性高潮的预期，这意味着如果你或你的伴侣没有达到性高潮，你们的性生活就是“失败”的。你很容易因此走上一条通往羞耻、焦虑和许多其他心理问题的路，没有人希望自己在这方面失败。

然而，当你抛开这些目标和设定时，你就会从中解放出来，专注于你和伴侣之间的关系。你可以去要求你真正想要的东西，即使你从未要求过。这很重要，因为从你的神经系统的角度看，性是一个生死攸关的问题。如果你没有得到真正能满足你性欲的东西，你的潜意识就会感到饥渴。抛开预设，勇敢提出你的要求，就能让每一次性生活都变得独一无二，你也可以像享受性高潮一样享受性爱，就像你享受了一顿美味的晚餐，而不仅仅是吃完后的饱腹感。以娜塔莉的客户为例，这种体验不仅发生在身体上，也发生在精神上，促使他们从不同的角度看待自己，最终起到一定的积极作用。

这种心理效应对突破极限是必要的，它使娜塔莉的客户进入了心流状态。娜塔莉解释说，在她的工作中，心流状态被称为“子空间”。经过一段时间的治疗，她的客户都能持续感觉到这种效果。他们很放松，注意力更集中，思路更清晰。

想到性是进入心流状态的一个有效方法。在长达一周的“禅修40年”课程中，我们教给客户一种万无一失的方法。如果他们在神经反馈课程中试图进入一种自我诱导的心流状态，就可以使用这种方法。一旦客户开始思考到底是什么让他们兴奋起来，他们的脑电波就会飙升，从而摆脱困境。

问题在于，只有当你想清楚你真正喜欢什么时，它才会起作用。对大多数人来说，童话般的性爱并不奏效，但想象真正能触动你的东西是有效的，尤其是当你不以此来评判自己的时候。

告诉你自己（和你的伴侣）性生活对你大有帮助，它可以让你有最好的表现，甚至可以影响你几天后的发挥。然而，如果你专注于一个目标，你就会处于一种分析状态，研究表明这种状态会抑制情绪和同理心。[12]这是不利于性爱的。关闭你的分析思维，遵循你的直觉，你将会感受到更多的同理心、快乐、创造力、平静。

推荐练习

- 如果你愿意，你可以尝试用性高潮冥想等方式让自己进入心流状态。

- 想想你怎样才能打破原有的性行为习惯，并在性爱中加入一些未知的元素。这样做很可能会拉近你和伴侣之间的关系，或许还会产生一种不一样的体验。

法则 17　性高潮冥想能促进催产素分泌

> 与合适的人有意识地发生性行为，会产生让你感觉到自由的神经化学物质，并进入心流状态。

性高潮可以释放让人感觉良好的激素和神经递质，性行为可以提升人的创造力和效率，但它们有没有坏处呢？为了找到这个问题的答案，我采访了比尔·哈里斯，不过遗憾的是，他未等到本书出版就去世了。作为Centerpointe研究所的创始人，比尔为无数人设计了大脑升级方案，并向慈善机构捐赠了数千万美元。因为神经反馈方面的工作，我有机会目睹了比尔的脑电波。

比尔在一次精彩的采访中提到，他在2008年经济危机发生前被离婚搞得心力交瘁。他承受着巨大的压力，自己却毫无察觉。他发现自己长期处于一种“战斗或逃跑”的状态，所以做了很多糟糕的决定。他在很短的时间内收到了6张超速罚单，驾照也被暂时吊销。第4章提到的精神病学家、大脑专家丹尼尔·亚蒙博士给比尔做了脑部扫描，他发现长期的压力导致比尔的边缘系统（大脑中产生情绪的区域）变得过度活跃。

比尔解释说，当边缘系统过度活跃时，你就会更容易做出受多巴胺驱使的决定。也就是说，你会被驱使去做一些令大脑释放多巴胺的事情。多巴胺是一种能触发大脑奖赏机制的神经递质，也是一种即时满足的神经递质。当你受到多巴胺的驱使时，你更有可能选择摄入那些能让你产生即时快感但从长远来说对你有害的东西，比如糖、加工食品，甚至是毒品。

这些和性有什么关系呢？性爱能让你的大脑释放出给你快感的激素。然而，观看色情作品产生的化学物质和与伴侣发生性关系时产生的化学物质是不同的。具体而言，观看色情作品时你的大脑会释放更多的多巴胺，而与伴侣发生性行为时你的大脑会释放更多的催产素。

有一种情况叫作多巴胺过高。我们的大脑并不具备处理随时观看网络色情作品所带来的刺激的能力。大脑对色情作品的反应就像对可卡因、酒精或糖的反应一样，随着时间的推移，快感会逐渐减少。[13]就像让人上瘾的毒品一样，大脑似乎会对多巴胺产生耐受性，这意味着你需要释放越来越多的多巴胺才能产生同样的效果。[14]

结果就是，色情片看得越多，你需要的性刺激也就越多。2014年德国的一项研究表明，看色情片越多的人，他们大脑中的奖赏通路越不发达。[15]同年法国的一项研究表明，在经常观看色情片的男性中，有60%的人无法对其伴侣产生性冲动。[16]

剑桥大学的一名神经科学家对多名自称对色情作品上瘾的男性进行脑部扫描后发现，他们的大脑皮质发生了显著变化，和吸毒者大脑的变化类似。[17]这是非常可怕的事情。

在对罗格斯大学性高潮研究人员（这份工作很酷）布加·拉克什敏博士进行深入采访后，这个问题迎刃而解。她认为，她在性高潮冥想研究中发现的神经药理学效应改变了她的一生。她在一个传统的印度家庭长大，一直承受着成功的压力，后来成为一名医生，嫁给了一个得到她父母认可的男人。但是，她很痛苦。她一直按部就班地生活，无法真正感受或体验到积极或消极的感觉。

直到发现性高潮冥想，她才真正了解了自己的身体，感受到了痛苦和快乐。起初她觉得这很可怕，但随着时间的推移，她对自己越来越满意，她能够享受快乐，并与他人建立起更深厚的关系。从此，她致力于性高潮研究，帮助其他人体验催产素带来的情感联系。

根据拉克什敏博士的说法，色情片的另一个问题是，它无法和性爱一样让你进入心流状态。就像大脑通过释放不等量的化学物质对不同类型的性行为做出反应一样，它对伴侣带来的性高潮和独立的性高潮反应也是不同的。

拉克什敏博士称，当你通过与伴侣有意识的性行为或者她所研究的性高潮冥想练习进入心流状态时，你将拥有更深刻的体验；如果你正在进行性高潮冥想，你的压力会逐渐减小。这种行为甚至可以纠正因为看太多的色情片而产生的多巴胺耐受性，参与者也可以从中受益。

这种联系对大脑有直接的影响。拉克什敏博士说，它实际上能使边缘系统平静下来。比尔·哈里斯选择用冥想来平静他的边缘系统，摆脱长期的战斗或逃跑状态，这样他就可以做出更好的决策。拉克什敏博士称性高潮冥想为“高速冥想”，因为它能更快地训练边缘系统，帮助你接近直觉，产生更深刻、更强烈的感觉。

推荐练习

- 不看色情作品。
- 通过有规律的冥想、性高潮冥想或有规律的性高潮来让你的边缘系统平静下来。

第 7 章　睡得好才能干得好

成功者能够突破重重障碍，将自己推至极限。但是，疲惫的身心是不能带来创新的。正因如此，超过1/3的嘉宾认为良好的睡眠对于他们的表现至关重要。事实上，高质量睡眠是提升工作表现的第五大建议。

这一章对我来说意义重大。因为在不断提升自我的过程中，我不得不重新审视我对睡眠的态度。虽然我不喜欢每天把这么多宝贵的时间花在睡觉这种无意识的活动上，但如果睡觉是不可或缺的，我希望找到一个能用最少的睡眠时间获得最佳睡眠质量的方法。

当我开始探究这个问题时，我采访了相关的世界级专家，并对现有研究进行调查。我发现了一项开创性研究，该研究分析了120万人在过去几年里的睡眠习惯，收集了大量数据，将寿命与睡眠时间的微小变化联系起来。最终，研究人员发现，每晚睡6.5个小时的参与者比每晚睡8个小时的参与者的寿命更长。[1]

由此我们很容易得出这样的结论：每晚睡6.5个小时可以延长寿命，但事实上，情况更复杂一些。健康人群可能只需要较少的睡眠，同样地，睡眠质量高的人可能只需要较短的睡眠时间。我对自己的睡眠情况进行了跟踪研究，过去1 726个晚上的数据显示，当我平均每晚睡6.05个小时的时候，我醒来后的感觉比睡八九个小时的时候更精神。在本章中，我将和大家分享我从顶级睡眠和健康专家及医生那里了解到的最新研究成果，因为高睡眠质量能提升幸福感，而幸福感能驱动成功。了解到这些后，我开始积极寻找实现最佳睡眠质量的方法。

法则 18　早起不一定好，熬夜也未必不好

> 早起不一定好，熬夜也未必不好。找到最适合你的睡眠时间才是最好的策略，据此建立你的生活秩序，这个改变会让你迸发出无穷的力量！

为了了解睡眠的每个细节，我采访了临床心理学家、畅销书作家、著名睡眠专家迈克尔·布劳斯博士，他毕生都在寻找应对睡眠障碍的方法。起初，布劳斯博士尽量避免使用药物，他尝试用很多不同

的方法来治疗失眠患者，包括天然补充剂和认知行为疗法。但这些方法都只对部分患者有效，而对其他患者几乎没有作用。

布劳斯博士决心找出让那些患者无法入睡的原因。他在观察患者的睡眠模式和激素水平后发现，其实他们大部分时间的睡眠质量都不错，只是把入睡和起床时间弄错了。结果表明，他们根本算不上失眠患者。他们能够自然地睡上6.5~7.5个小时，之所以感到睡不着是因为他们睡得太早或太晚了，以至于他们的生理睡眠时间和实际睡眠时间不同步。

这不是说他们故意或在无意间扰乱了自己的睡眠。他们的睡眠时间是根据工作节奏安排的——和大多数人一样，他们要早起上班、照顾孩子或上学。但布劳斯博士相信，如果他们能够按照身体自然的昼夜节律（也就是大脑的睡眠/觉醒周期）入睡和醒来，他们的工作和生活就会变得更高效。我们的大脑中有一个叫作视交叉上核（SCN）的内置时钟，它决定了我们什么时候犯困，什么时候醒来。它会在一天中的特定时间释放一些激素，比如褪黑素（又称“睡眠激素”）[2]。在这个正在迅速发展的科学领域（生物钟学），针对昼夜节律究竟在多大程度上影响健康这个问题，几乎每天都有新发现。2017年的诺贝尔生理学或医学奖获得者发现了一种可调节人体生物钟的新型蛋白质。我们只知道它们是如何起作用的，而像布劳斯这样的临床医生知道是什么在起作用。

布劳斯坚信，只需要调整一下患者的睡眠时间，就能帮助他们睡得更好。于是，他逐一致电患者的雇主，询问如果可以提高员工的工作效率，他们是否愿意推迟上班时间。雇主们纷纷答应了，看到员工在新的时间安排下工作效率有所提高后，他们感到诧异不已。

从此，布劳斯开始专注于研究“时间的力量”。他最受欢迎的一本著作是《四型生理时钟》，他在这本书中讲述了如何根据身体的自然规律安排一天的时间，从而最大限度地提高效率。他会根据患者一天的激素分布情况为其定制一个时间表，让他们可以发挥自己的生理优势，在适当的时间做适当的事。

布劳斯发现有一部分患者对此持怀疑态度。因为“早起益处多”的观念已经深植于我们的文化，这使我们害怕改变自己的睡眠模式。“早起的鸟儿有虫吃”，这句俗语真的对吗？我们从小就被教导，早起益处多，晚起没好处，早起的人效率更高。之所以产生这种观念，是因为当人类从狩猎的生存方式过渡到种植的生存方式后，如果不早起去田里干活，就意味着会饿死。如今，在田间工作的人已经越来越少，而我们却从未想过调整这种时间安排，实在是不可思议。

布劳斯向他的患者解释说，反天性而为有百害而无一利。昼夜节律不只是一种个人偏好，也是由基因决定的。1998年，科学家分离出mPer3基因，发现该基因最先表达为SCN且具有明显的昼夜节律。[3]来自SCN的信号使整个身体的微型生物钟保持同步。换句话说，mPer3基因决定了你的睡眠动力，SCN决定了你的昼夜节律。当你与这些基因同步时，你的效率就会提高。

通过研究，布劳斯确定了4种自然昼夜节律的时型或行为表现。他没有给它们贴上“早起的鸟儿”或“夜猫子”的标签，而是将它们与其他哺乳动物的昼夜节律进行匹配。事实上，只有哺乳动物才有mPer3基因，所以在生物动力方面，我们与其他哺乳动物的共同点比我们与鸟类的共同点更多。这4种时型分别是：

熊型

到目前为止，熊型是人群中最普遍的时型。约有50%的人是熊型睡眠者，他们的睡眠模式和太阳的活动周期最为接近。熊型睡眠者通常没有睡眠障碍，可以睡得很香、很沉。这类人群适宜在早上做高强度工作，但到了下午三点左右就会感到精力有所下降。总体而言，熊型睡眠者精力稳定，总是能把事情做好。他们工作努力、热爱交际、热心助人。只要在下午三点左右的能量低谷时适当补充一些能量，不超出自然能量极限，他们就能保持一整天都精力充沛。

狮子型

狮子型睡眠者属于典型的"早起的鸟儿"，他们习惯于在黎明前醒来。早晨是他们一天效率最高的时候，所以他们可能要忙到午饭时间才有空儿去喝杯咖啡。然而，上午总是忙得不可开交的狮子型睡眠者，往往到傍晚时就会疲倦不堪，需要早早上床休息。约有15%的人属于狮子型睡眠者。

狼型

狼型睡眠者一般在夜间活动，属于典型的"夜猫子"。当众人入眠、万籁俱寂时，他们的一天才刚刚开始，此时是他们效率最高的时候。有趣的是，狼型睡眠者有两个效率高峰期，另一个是中午到下午两点——其他人在这个时间段会感到精力匮乏。狼型睡眠者往往是创作者，比如作家、艺术家和程序员。太阳下山后，他们大脑的创造性区域会活跃起来。狼型睡眠者往往性格内向，渴望独处。他们不太想成为聚会的焦点，喜欢坐下来静心观察身边的事物。

狼型睡眠者也占总人口的15%，他们最适合雇用“早起的鸟儿”为他们“捉虫”，把“虫”带回家给晚起的“狼”作为早餐享用。（我本人就是狼型睡眠者，现在是凌晨3点，我还在写书。但我可以睡得很好，睡足6个小时。）

海豚型

海豚型睡眠者是失眠患者，他们的睡眠可能有规律，也可能没有规律。这类人属于A型性格，他们在白天能做的事情往往没有他们想做的多，他们在晚上会辗转反侧地思考一天的失败。海豚型睡眠者的睡眠较浅，经常彻夜难眠。海豚型睡眠者的工作效率在上午10点到下午早些时候达到顶峰。布劳斯博士发现，如果他的海豚型患者能为自己的睡眠时间表设定一些参数，他们就很容易回到正轨，改善睡眠质量，提高工作效率。

乔纳森·维索尔博士是防弹电台的另一位嘉宾，他是世界睡眠和神经系统功能研究领域举足轻重的学者之一。美国国防部、美国国家神经系统疾病和中风研究所曾资助他的实验室，利用分子遗传和生化技术研究睡眠。有趣的是，他推荐的确定时型的方法毫无技术含量，就只是好好休息一周。在这一周里，你想什么时候睡觉就什么时候睡觉，想什么时候起床就什么时候起床。维索尔博士认为，你的昼夜节律是一种强大的生物驱动力，可以在很短的时间内显现出来。

我曾经也相信“早起的鸟儿有虫吃”的说法，于是和我的自然生理节律对着干。在两年的时间里，我逼迫自己每天早上5点起床冥想一个小时。我笃信这样做能为自己带来成功，但是，这样做并没有提高我的工作效率，我也没有因此变得更快乐。相反，我感觉自己更累、更迷茫，也更没有创造力。

在花了几年时间跟踪和调整我的睡眠后，我意识到自己在早起这件事上浪费了过多的精力。于是，我不再强迫自己的身体在应该清醒的时候睡觉，在应该疲惫的时候起床。最后，我决定顺从我的自然生理节律。结果就是，我变得更高效、更快乐，也更容易超越那些为了成为“早起的鸟儿”而盲目违背自然生理节律的人。

维索尔博士的话很有说服力，它解答了我晚上比早上更有精神的疑问。现在，我可以完全确定我属于狼型睡眠者。深夜是我的创造力和效率达到顶峰的时段，睡到早上8点45分左右起床时，我的状态会更好。事实上，本书（还有我之前的著作）的大部分内容都是在其他人睡觉，也就是午夜到凌晨5点期间写作的，我非常喜欢这种作息模式。

我希望随着科学家对睡眠领域的不断探索，我们的社会能渐渐摆脱老旧的“早起的鸟儿有虫吃”的思维，引导人们遵循自己身体的自然节律。作为公司的首席执行官，我宁肯我的员工晚几个小时上班，更高效地工作一天，也不想看到他们早早上班，拖着疲惫的身体低效地工作。相信其他明白这个道理的人也深有同感。所以，我十分感谢布劳斯博士和维索尔博士，他们让我们了解了时型的重要性。

但两位博士都提醒说，有一个变量会扰乱你的自然节律，让你难以遵循自己的时型，它就是光线。时型是由基因决定的，对光线很敏感。为了深入了解这方面的知识，我参观了圣迭戈索尔克生物研究所萨特钦·潘达博士的实验室。采访他之前，他的研究生用电子显微镜向我展示了眼睛里的一种特殊的光传感器（黑视蛋白传感器）细胞，我们的昼夜节律就是由它们控制的。这些光传感器可以接收光频率并向身体发送信息，告诉身体根据一天中的不同时间释放激素。有趣的是，即使是在盲人身上，光也会引发这些反应。[4]潘达博士发现了控制人体中枢计时系统的单个基因，以及一对有助于保持饮食和睡眠同步的基因。该研究可以解释为什么间歇性禁食是有效的。他的书《昼夜节律密码：减肥、增强能量、从早到晚打造健康》是一个关于什么时候应该吃什么的信息宝库。

潘达博士说，当人眼里的传感器暴露在全光谱光源（如早晨的太阳）下时，他们会发出信号告诉你的身体该醒来了。天黑时，它又会发出信号告诉你的身体该休息了，这就是晚上睡觉时卧室需要全黑的重要原因之一。眼睛里的光传感器哪怕在夜间只捕捉到少量的人造光，也会减缓黑视蛋白的生成，从而扰乱你的睡眠模式。换句话说，你的身体将接收不到睡觉的信号。你的身体在晚上睡觉前应收到红光信号，因为这种光谱是在日落时产生的。在家时，我经常在睡觉前照Joovv灯，这是一种高功率的红色和红外LED（发光二极管）光治疗设备，它能放大身体期待的“日落信号”。不仅如此，这种光谱还能帮助改善皮肤状况、加快伤口愈合和实现更深的睡眠。

更重要的一点是，晚上应该尽量避免接触蓝光，如智能手机、笔记本电脑和平板电脑等屏幕发出的光。由于眼睛里的光传感器对这种光频率特别敏感，因此睡前接触蓝光会干扰你的睡眠，即使使用LED光治疗设备也无济于事。我有一个简单的小窍门，用黑色胶带（或者有特殊圆点设计的胶带，看起来比较好看）把卧室里的所有灯都遮住，这样卧室就会全黑了。建议你在睡前戴上TrueDark眼镜，它的分层滤光片可以阻挡所有已知的干扰睡眠的光谱，作用远大于防蓝光眼镜。（自从戴了这款眼镜，我的睡眠质量有了大幅提高。）

另外，确保你自己白天暴露在充足的阳光下也很重要。当你暴露在日光下时，你的身体会产生血清素，这是一种能让你感觉良好的神经递质。之后，身体会将血清素分解为一种帮助睡眠的激素——褪黑素。因此，如果白天没有接触到足够的自然阳光，身体就无法产生足够的褪黑素来保证晚上的睡眠质量。这样一来，即使你的作息时间完全遵循你的生物钟，你的昼夜节律也会被打乱。办公室的窗户、汽车玻璃、隐形眼镜和太阳镜都会阻挡生物钟调节所需的重要光谱，所以每天到户外晒太阳是很有必要的，每天至少晒上几分钟。

推荐练习

- 给自己一个星期的时间，想睡就睡，想起就起，或者通过做测试找出你的时型。

- 考虑红光LED治疗，如在睡前和早晨照Joovv灯——它很有效！
- 考虑使用TrueDark眼镜或光疗设备。
- 尽可能地调整你的日常作息，做好每一件事，但要在你的生理条件允许的情况下。
- 白天充分接触阳光，晚上避免接触所有人造光，开始体验高质量的睡眠。
- 天黑后不进食！

法则19 睡得长不如睡得好

> 睡不着的时候，强迫自己入睡也无济于事，这样只会浪费你的生命。你应该像对待运动或工作那样对待你的睡眠。面对失眠，你真正需要做的就是调整你的睡眠方式和地点，跟踪你的睡眠情况，直到你拥有良好的睡眠。第二天有紧急事务待办的情况除外。

我很喜欢和菲利普·威斯布鲁克医生聊天，威斯布鲁克是加州大学洛杉矶分校的睡眠专家和临床医学教授。他在读了一篇有关睡眠呼吸暂停综合征的报道后，对睡眠科学产生了浓厚的兴趣。作为一名呼吸科医生，他想弄清楚睡眠呼吸暂停综合征的成因和过程。

在一个基础实验里，他发现一个患者在睡觉时出现了呼吸暂停，于是他做了一个简单的睡眠实验：让患者躺在梅奥诊所威斯布鲁克医生办公室外的轮床上，把他的全身连接上各种用于观察他睡眠情况的监测器。监测结果显示，那名患者一睡着就会停止呼吸。这是最早被记录在案的睡眠呼吸暂停综合征的病例之一。睡眠呼吸暂停综合征属于一种睡眠障碍，患者的呼吸会在夜间不断停止和恢复，这种情况在当时非常罕见。这项简单的研究改变了威斯布鲁克的职业生涯。

威斯布鲁克医生在观察患者入睡后的呼吸道变化情况后发现，当患者大脑处于睡眠状态时，它不再向控制上呼吸道的肌肉发出信号，使它保持开放状态，从而导致患者无法呼吸。这些肌肉在睡眠状态下和其他肌肉一样呈放松状态，有时气道会塌陷或几乎塌陷，从而干扰患者的呼吸能力。没有呼吸，人就会死亡。每当患者呼吸暂停时，身体就会自动醒来。

轻度的睡眠障碍也会导致人们晚上频繁醒来，影响他们睡眠的连续性和睡眠质量，导致他们白天无精打采。同时，它还会增加人们患高血压、心血管疾病、2型糖尿病的风险，也会降低人们的认知能力，包括执行能力（决策能力）。[5]

患有睡眠障碍的人会不记得自己晚上醒过多少次。我曾实行接近零碳水化合物的生酮饮食法，作为防弹饮食研究的一部分。睡眠监测器显示，我每晚至少醒来十几次，而我竟然对此一无所知，只是每天早起时我都会感到很疲惫。睡眠监测器帮助我发现了周期性酮症的威力，而不是无休止的酮症。通过每周摄入几次碳水化合物，我逐渐拥有了良好的睡眠，于是我订正了我的饮食计划。让我感到震惊的是，我竟然不知道自己醒来的次数这么频繁，即使我并没有睡眠呼吸暂停综合征。但这说明，睡眠呼吸暂停综合征往往在人们不知情的情况下发生。在威斯布鲁克看来，正在阅读本书的读者中可能有10%的人患有某种程度的睡眠呼吸暂停综合征，而这个问题会影响他们的健康和日常表现。你觉得其中有你吗?

丹·莱文多斯基是企业家、发明家和多项颠覆性医疗技术的研发带头人，他找到威斯布鲁克时，很清楚自己的睡眠出了问题。丹从小就有睡觉时打鼾的问题，而且音量极大。40岁出头时，他的打鼾问题已经发展成严重的睡眠呼吸暂停综合征。大概在2000年，他开始和威斯布鲁克商量研发一种旨在提高公众对睡眠呼吸暂停综合征的认识，并帮助患者在家进行自我诊断的技术。他们共同开发了一款叫作ARES（呼吸暂停风险评估系统）的设备，患者只需在睡觉时把它戴在额头上，就能诊断自己是否有睡眠呼吸暂停综合征。

丹戴上ARES后，设备显示当他平躺着睡觉时每小时停止呼吸的次数多达70次，这导致他的血氧水平十分危险。然而，当他侧着睡觉时，他的睡眠情况几乎是正常的。他每小时醒来的次数令人震惊，但睡眠姿势的重要性并不令人震惊。医生早就知道了平躺着睡觉的危害。

以这种姿势睡觉时，重力作用会导致气道塌陷。几乎所有人在仰卧睡觉时，都更容易出现气道塌陷和血氧饱和度降低的情况，无论他们是否患有睡眠障碍。没有睡眠呼吸暂停综合征的人平躺着睡觉会更容易打鼾，而患有睡眠呼吸暂停综合征的人平躺着睡觉更容易发生呼吸暂停。

虽然医生们多年前就知道这一点，但他们并没有真正有效的解决方案。睡眠科医生经常建议患者把网球缝在睡衣的后背上，这样他们平躺着睡觉时就会感到不舒服，从而避免采取仰卧睡姿。但患者很少这么做，这也可以理解。威斯布鲁克和丹都希望找到一种让患者更愿意接受的有效替代方案。

他们开发了一款名为“夜班”的产品，患者可以把它戴在脖子上。当你平躺着睡觉时，“夜班”会感知到并轻轻地振动，提醒你改变睡姿。关键是它不会吵醒你，也不会扰乱你的睡眠模式。如果你迟迟没有反应，柔和的振动会逐渐增强。“夜班”的另一个优点是，它可以记录你夜间睡眠质量的相关信息，包括你仰卧多少次，以及你对设备的反应速度有多快。

在我试图提高自己睡眠质量的过程中，我发现让牙齿上下对齐咬合能有效防止气道塌陷。10多年前，我定制了一个夹板来帮助我的下颌向前移动，它确实提高了我的睡眠质量，让我不再打鼾。发明这个夹板的人是德怀特·詹宁斯博士，他的口腔矫正器改变了包括我在内的无数人的生活。詹宁斯在采访中解释说，下颌对齐的好处远不只是治疗睡眠呼吸暂停综合征，它还能极大地改善神经功能、压力管理、耳鸣，甚至是慢性病。按照他的方法，我的大脑机能比以前提高了不少。

美国国立卫生研究院还向丹和威斯布鲁克提供了资助，用于研究口腔器械如何改善睡眠呼吸暂停综合征。他们开发了一种临时的口腔器械，让患者在购买定制器械之前先试用，看看效果如何。他们已经把这种产品提供给牙医和医院里的患者，主要是从全身麻醉中恢复的患者，以及未经确诊的睡眠呼吸暂停综合征的患者。

如何判断自己是否有睡眠呼吸暂停综合征？打鼾是一种信号，表明你的呼吸道在睡眠中出现了塌陷，当你试图吸气时，气流就会受到限制。还有一种办法是，你的伴侣注意到你在睡觉时可能出现了呼吸停止的状况。最重要的是，如果你白天很困，这不仅说明你很累，还说明你在不想睡觉的时候睡着了，比如看电视或读一本无聊的书时，那么你患病的风险更大。如果你有这些症状，我建议你去医院检查一下，这样你就可以在晚上睡个好觉，白天精神饱满。

无论你是否打鼾，都应该考虑买一个口腔矫正器，因为夜间磨牙除了会导致你睡不好，还会导致你出现慢性头痛和口腔健康问题。无论是现成的还是定制的口腔矫正器，都可以让你的下巴保持平齐，呼吸道保持畅通，这是一个简单的睡眠技巧。

萨米纳床垫（也叫宾利床垫）的发明者冈瑟·W·安曼-简森博士深信，他在大自然中找到了另一个解决睡眠呼吸暂停综合征和其他健康问题的方法。包括人类在内的200种灵长类动物都有一定的肌肉骨骼问题。[6]但在所有物种中，我们比森林居民和睡在地上的人的问题更多。事实证明，当你躺在地上而不是床垫上睡觉时，你会本能地采取可以纠正肌肉骨骼失衡的姿势，而这种失衡会导致腰痛、膝盖痛、拇囊炎等。

森林地面是“大自然的脊椎按摩师”，它可以使你的胸部保持不动，安放你的脊椎，润滑你的关节。难道我们要把床扔掉改睡地板吗？不一定，但你确实应该注意你的身体在睡觉时的姿势。这不仅会影响你的睡眠质量，还会影响你一整天的精神状态和工作效率。

意识到这一点后，我把床垫换成了一英寸[①]厚的硬海绵垫，经过几周的适应，我可以睡得非常好，醒来后也没有腰酸背痛的感觉。我每周至少有4个晚上会睡在那个垫子上，我的身体条件和工作表现都由此得到了改善。若长时间出差，酒店的床垫又太软，我就会睡在酒店的地板上，原因很简单，它能让我在更短的时间内获得更高质量的睡眠。我只在日本东京的酒店睡过一种传统的荞麦床垫，它和我家的床垫一样硬。

不过，除了一张值得推荐的床垫或坚硬的地板，还有一些睡眠技巧。安曼–简森博士指出，野生动物和人类都有一种天生的偏好，就是头稍微朝上睡在地上。于是，他着手研究重力在睡眠过程中所起的作用。当身体站直时，我们的头高于心脏，血液会逆着重力方向从心脏流向大脑。但当我们睡觉的时候，我们是水平躺着的，心脏和头处于同一水平，重力不再对大脑循环产生影响，颅内压就会增加。安曼–简森博士认为，这种压力会在夜间增加，导致脑室、心室和神经元中积聚了更多液体。他说，过量的液体会造成大脑肿胀，形成脑水肿。平躺着睡觉不仅会导致大脑膨胀，还会对你的眼睛、耳朵、脸、鼻窦和牙龈造成持续的压力。

实际上，有人已经做了大量关于重力对人体生理影响的研究，这门学科叫作宇宙医学。的确，当宇航员身处太空时，太空的微重力环境会改变他们脑室内的液体流动方式，导致大脑内部液体不断积聚，

① 1英寸≈2.5厘米。——编者注

颅内压升高，并伴有偏头痛、青光眼、梅尼埃病等症状。所以，我们应该可以利用重力作用来获得更健康的睡眠——和野生动物一样头朝上睡觉。

医学人类学家悉尼·罗斯·辛格博士研究了头朝上睡觉对偏头痛患者的影响。他让100名偏头痛患者在睡觉时将头抬高10~30度，其中大多数人仅过了几个晚上就感觉自己的症状有所改善，许多人还获得了额外的好处：休息得更充分了，鼻黏膜充血的情况也少多了。[7]

安曼-简森博士观察到，头抬高睡觉除了有助于缓解偏头痛和鼻黏膜充血外，还能降低血压，减少水肿，减缓静脉曲张，甚至有利于预防阿尔茨海默病。一些研究人员认为，引起阿尔茨海默病的部分原因是大脑充血和头部压力过大。阿尔茨海默病患者的脑室经常有扩大迹象，这表明慢性心室压力与阿尔茨海默病患者脑室周围的病变存在着关联。

如果你患有头痛、慢性充血或睡眠呼吸暂停综合征，这些技巧当然值得你考虑。除了使用口腔矫正器、睡眠监测器、让环境保持黑暗和其他睡眠技巧外，我采取头朝上的睡眠姿势已经有好几年了。

推荐练习

- 开始记录你的睡眠情况，看看你是否在夜间醒来时自己毫无意识。
- 调整床的倾斜度，让你的头升高10~30度。
- 买一个舒适的床垫（不含阻燃剂或甲醛）。

- 试着在一个又薄又硬的泡沫垫子上睡一个月。
- 尝试使用可以帮助你的牙齿整齐咬合的口腔矫正器。
- 如果你怀疑自己患有睡眠呼吸暂停综合征，可以试试“夜班”设备。
- 至少不要平躺着睡觉！

法则 20　休息好是做好一切的关键

> 那些压力最大、表现最出色的人，往往也是睡得最少、工作最努力的人。然而，出色的表现需要充沛的精力，所以睡眠是必选项，而不是可选项。

阿里安娜·赫芬顿是畅销书作家、成功企业家，也是《赫芬顿邮报》的创始人，和她聊天非常有意思。我第一次采访她时，她在《赫芬顿邮报》的办公室热情地招待了我，我们聊得很投机。阿里安娜是一个名副其实的成功人士，2011 年，她被《时代》杂志评选为世界上最具影响力的 100 人之一。这个成绩来之不易，为此阿里安娜牺牲了她的睡眠时间，并付出了巨大的代价。

2007 年的一天，阿里安娜在家中办公时晕倒了。她的头撞在了桌子上，颧骨骨折，眼睛也划伤了。她醒来时地板上全是血。后来，她去看了医生，想知道自己得了什么病。但医生的诊断结果表明，她什么病也没有，晕倒只是因为过度劳累和缺乏睡眠。

这件事给阿里安娜敲响了警钟，也让她重新审视了自己的生活方式和对成功的定义。她每天工作18个小时，每周工作7天，才取得了今天的成绩。表面上看，阿里安娜很成功：她登上了权威杂志封面，公司发展蒸蒸日上。

那次昏倒之后，她开始问自己这是不是真正的成功。她发现，大多数人都把成功定义为拥有财富和权力，但它们只是成功的其中两个衡量标准，就好比试图坐在只有两条腿的凳子上，注定会摔倒。阿里安娜称，成功的第三个衡量标准是幸福感。想要提升幸福感，就需要你适当休息，重新认识自己，内心有目标驱动，并拥有智慧。

从那以后，阿里安娜改变了她的生活方式，尤其是在睡眠习惯方面，并且收获了让她喜出望外的效果。她的事业不仅没有因此停滞，反而登上了新的高峰。2011年，美国在线（AOL）收购了《赫芬顿邮报》。2016年，阿里安娜创办了新公司——健康内容平台（Thrive Global），致力于为客户提供健康方面的内容和培训。随后，她进入优步董事会，帮助其改善企业文化。阿里安娜发现，她越是优先考虑自己和优待自己，她的工作效率就越高，成就也越大。她觉得自己现在的生活比以前更加充实，她可以保证每晚7~9个小时的睡眠时间，还能腾出一部分时间用于冥想、散步和做瑜伽。

直到把幸福感当作成功的第三个标准，阿里安娜才意识到自己曾经离幸福有多远。她说，如果你在她昏倒的当天早上问她感觉如何，她会发自内心地回答你还行。她曾经和很多人一样，觉得为事业做出一些牺牲是必要和值得的。但现在她明白那只是一种错觉。事实上，只有重视自己的幸福感，才会获得成功。

阿里安娜说，那种认为只有拼命努力工作和付出所有才能成功的想法，和过去人们以为地球是平的、太阳绕着地球转的想法一样，都是错误的。打破这种错误的观念正是她创办Thrive Global公司的目的，而且她的努力初见成效。在阿里安娜与摩根大通的最近一次的合作中，摩根大通的高管发现，在呼吁员工重视睡眠、充电、感恩和正念后，员工的表现得到了显著提升。

很多人都有类似于阿里安娜的顿悟经历。我们总是把自己折腾得筋疲力尽，仿佛只有这样才能得到某种回报。这种想法和我的“防弹”理念正好相反，我是因为一件事才明白了这个道理。有一次，我从美国旧金山飞到中国的一个城市做主题演讲，第二天又马不停蹄地飞往佛罗里达州，为一个当时看来很重要的科技会议做主题演讲。第三天早上，还没来得及喝一杯防弹咖啡或水，我就登上了一架凌晨5点从佛罗里达州起飞的飞机。起飞后不知过了多久，我晕倒在飞机的过道上。说实话，我当时并不知道自己晕倒了，只感觉自己在睡梦中被人摇醒了，而我从来没有睡得那么好。

我可能是因为太累和缺水才会晕倒，当我醒来时，我看到空乘人员正焦急地用对讲机询问飞机上是否有医生，另一个空乘人员正在喂我喝橙汁。“不，”迷糊中我坚定地说道，“我有酮症！”幸运的是，我没有在晕倒时撞到头部或伤到身体其他地方。这给我敲响了警钟：不要等到身体亮起红灯才想着休息。

虽然我和阿里安娜使用的策略稍有不同（我调整了睡眠模式，用更少的时间获得更高质量的睡眠；阿里安娜则延长了她每晚的睡眠时间），但我们的经历非常相似。这件事让我领悟到，只有在精力充沛的状态下，我才有可能更好地扮演好丈夫、父亲和首席执行官的角色。一旦昏倒，我就什么都做不了了。阿里安娜说，很多人都有这种情况，希望大家能从我们俩的错误中吸取经验，重视当下的幸福感，才能真正有所成就。

我和我的助手一同设计了我的日程表，充足的睡眠和每天至少半个小时的“提升时间”被纳入其中。如果不规划好你的时间表，别人或其他不太重要的事情就会挤占你的时间，最后你还会为此付出不小的代价。

推荐练习

- 强迫自己比平时早睡一个小时，看看第二天的感觉，坚持一周。
- 浏览你的日程表，取消那些对你不重要也无须你参加的会议和活动。
- 将空下来的个人时间用于充电、恢复和补充能量。

第 8 章　如何有效地锻炼身体

我们总是把自己逼到极限，以为这样就能取得成功或提高自己的表现水平。但正如我们看到的，把自己逼到精疲力竭是一种失败的策略。充足的休息是取得理想成绩的关键因素，其他因素还包括前面提到的挤出时间冥想、做瑜伽、练习呼吸技巧，或者散步。

注意，我没有把新兵训练营、动感单车课程或马拉松训练列进来。并不是说追求这些有什么错——锻炼对健康有益，能让一些人感觉很棒，而且它是提升自我的第四大策略。但问题是，我们很多人过于关注“锻炼”，以至于忘记了运动本身。毫无疑问，人类的身体是需要运动的，而我们大多数人的运动量远远不够。从理论上讲，锻炼是一种运动形式，但它是一种短暂而强烈的爆发性运动。持续的功能性运动与锻炼并不是一回事。

所以，尽管我的很多嘉宾都认为锻炼对于他们来说极其重要，但我还是要稍微修改一下这条建议，把重点放在运动上。根据我的经验，当人们过于关注锻炼的想法时，我们往往会浪费很多时间和精力。我的体重曾达到300磅，于是我决定通过锻炼来减肥。我坚持了18个月，每周6天，每天90分钟。不管有多疼或多累，我每天都做45分钟的有氧运动和45分钟的负重训练。结果是，我变成了一个非常强壮的胖子。事实上，很多杰出人士，包括首席执行官和对冲基金经理在锻炼时也会过度或越练越壮。其结果是可以预测的：性欲、性激素水平和睡眠质量都会下降，锻炼导致的损伤和炎症会带来慢性疼痛。具有讽刺意味的是，慢性疼痛会继而导致运动减少，使锻炼很难坚持下去。

当你放松你的肌肉和关节，让它们发挥它们应有的功能时，你就会看起来更健康，感觉更好。当抱起你的孩子时，你不会感到疼痛。你可以一整天都挺直腰板，而不会弯腰驼背。你将会高效地锻炼，而且一直都不会受伤。任何锻炼或体育目标的达成都要以正确的运动作为基础。世界上没有一种锻炼不需要功能性运动。所以本章将着重讲述运动的重要性，以及专家们是如何通过锻炼取得最高回报的。

法则 21　不要好高骛远

“

高风险运动（包括跑步在内）不仅不能让你变得更好，其带来的伤害还会给你造成负担。不过，如果你能改造你的神经系统，高风险运动就变成了低风险运动，错用的能量也可以被更好地利用了。为了锻炼而锻炼是一种浪费，而且不当的锻炼方法还会对你造成伤害。

”

还记得《黑客帝国》中尼奥看待1和0的独特方式吗？专家可以通过观察你站立、走路、运动的方式来了解你，甚至比你想象中更了解你。凯利·斯塔雷特就是这样的人。他是混合健身（CrossFit）界的一位知名人物，曾教过世界顶级运动员和高管如何正确地运动。他还是一名教练和理疗师，著有一本非常棒的健身书籍《柔软的豹子：关于解决疼痛、预防受伤和优化运动表现的终极指南》。

凯利想要改变大家对跑步和运动的看法。跑步爱好者认为跑步是一种健康、聪明的锻炼方式，可以让自己变得与众不同。但这是真的吗？人真的需要跑步吗？凯利接受采访时说，他一直很喜欢运动，但高中踢足球造成的膝盖疼痛却伴随了他多年。后来，他才发现他的疼痛是由不正确的跑步姿势造成的。他的脚很虚弱，加上跑步姿势不正确，最终导致他的膝盖遭殃。

无独有偶，凯利的调查显示，在每周跑步3次的人中，有80%都在一年内经历过伤痛。这个结论可能令人震惊，但这并非因为跑步本身就是危险的，而是因为很多人没有注意到安全运动需要一定的控制。进行任何一项运动时，不管是瑜伽、普拉提、混合健身还是跑步，你都必须只做身体有能力完成的动作。这要求我们回归到最基本的认识，从简单的正确运动姿势开始学起，但我们目前久坐不动的生活方式会使我们无法正确地掌握这些运动。换句话说，在锻炼之前，你需要掌握运动要领。

运动应该从何练起呢？1995年，格雷·库克与同是物理治疗师的李·伯顿开始合作，他们收集了大量统计数据，想帮助人们找到预防受伤的方法。他们对人类运动模式的研究逐渐发展成了现在的功能性运动系统，这是一个可以评估人们正确运动能力的系统。除非你对自己很了解，否则你很难知道应该从哪项运动开始。虽然有些问题是显而易见的，但运动边界问题可能就不那么明显了。功能性运动系统创建了一个标准化程序，可以测量你的运动能力，并用一些方法找到你的极限。掌握正确的锻炼方法后，你在跑步或做其他运动时就不会受伤了。

凯利说，好消息是身体一旦学会了如何正确运动，就能自我纠正。你的身体已经学会了正确的运动方式，当某个练习让你的身体状态变得更好时，它就会运转顺利。凯利也和其他治疗师一起陪病人练习正确的模式，他把这个过程比作将电线穿过已经铺设好的管道。没有人天生就肌肉僵硬，缺乏灵活性，这往往是多年的坏习惯造成的，但它们是可以纠正的。

凯利从病人身上发现的最大问题就是坐得太久。令人惊讶的是，对于运动员来说也是如此。这是锻炼引发的另一个问题：人们倾向于在早上或晚上做重要的事，然后其他时间都坐在椅子上。所以，他们本质上都是久坐不动的人，每天只运动45分钟，但他们认为自己非常健康，感觉也很好。凯利让一个职业橄榄球运动员跟踪自己的日常运动模式，发现他们每天坐着的时间竟然长达14~16个小时。他们可是职业运动员啊！果然，他们中的许多人都有慢性膝关节疼痛和腰部疼痛，这对他们的运动表现产生了负面影响。凯利发现他们的问题的根源不是来自运动损伤，而是来自缺乏运动。

贝克是一位运动界的权威人士，他是波士顿红袜队的首位力量和体能训练师，参与了专业运动员的训练、准备、营养咨询和康复等工作。他也认同凯利的判断，并表示每天坐6~8个小时会抵消一两个小时的锻炼功效。

贝克会和他的病人一起进行功能性运动评估，帮助他们确定哪些运动能做，哪些运动不能做。他在评估8岁孩子时经常发现，他们有时连一个简单的蹲起动作都无法完成。孩子们有时也会惊讶地发现，他们竟然无法完成一些不需要投入太多力量的基本动作。完成这些动作并不需要力量，它考验的是关节的稳定性和灵活性，这是大部分时间都坐着的孩子们所缺乏的。不过别担心，通过少坐和练习正确的动作，这些能力都是可以恢复的。

贝克的许多病人仅仅通过学会正确的动作就获得了巨大的治疗效果。比如，在采访中，贝克告诉我她有一个客户叫作比尔，他因为高胆固醇正在服用他汀类药物，同时还服用降血压的药物。比尔的体重超重40磅，体态也糟糕透顶。由于脊柱弯曲，他的身高整整矮了两英寸。贝克纠正了他的动作和姿势，对他的饮食也做了一些轻微的调整。8个月后，比尔不再服用这两种药物，体重减轻了40磅，身高也增加了1.5英寸。其实比尔只是改善了他的体态，增加了核心力量，重建了肌肉组织的长度，就改掉了20年来的坏习惯。

在我的成长过程中，我一直认为锻炼时感到疼痛是正常现象。所以虽然疼痛难忍，我仍然坚持踢球长达13年。但近5年来，我每周都要和经验丰富的老师练习瑜伽，通过对自己的运动方式做的一些细微的调整，我的大部分顽固的伤痛竟然都消失了。瑜伽对于提高身体的灵活性和激活某些肌肉很有好处，但它并不能教会你如何最有效地走路、坐着或运动。通过与专家一起学习正确的功能性运动（专家对我的运动方式进行了评估，并对我的坐姿、运动方式和行走方式进行了一些微小的调整），我在运动的过程中收获了另一种自由，这些结果对我的生活产生了非常好的影响。

当你学会用正确的方式运动后，同样的结果也可能发生在你的身上。无论是跑步、游泳、举重，还是跳舞等，正确的姿势确实能提高你的能力。但是，选择一种能在更短的时间内带来最大益处的锻炼方式也很重要，我将在下文继续讲述……

推荐练习

- 在功能性运动教练的协助下，纠正不良的运动模式。功能性运动系统是一个很好的起点。
- 买一个可升降办公桌，这样你每天既可以坐着也可以站着办公。
- 尝试正确的锻炼方法，改善你的姿势，减少疼痛，提高你的表现。

法则 22 强壮的肌肉会让你更聪明、更年轻

> 人们常以为，跑马拉松可以让你的状态更好。如果你是第一次跑马拉松，它还可以增强你的意志力。但是事实上，过多的有氧运动会给身体带来压力，你需要很长时间才能收到效果。高水平的人的锻炼效率之所以高，是因为他们总是能够在正确的时间用正确的方法刺激正确的激素。

查尔斯·波利金是世界著名的专业力量教练，帮助过世界上许多优秀的运动员在17个不同的项目中获得了数百枚奖牌和无数个个人最佳成绩。几十年来，查尔斯一直在心无旁骛地研究人传递给肌肉的信号是如何改变身体的。他并不在乎你、我或者其他人是否喜欢他的观点。他是一个有远见卓识的人，比很多人的思维超前，这就是为什么这么多专业人士愿意与他合作，也是我喜欢和他相处、邀请他上节目的原因。

查尔斯得出的一个结论是：力量训练比长距离有氧运动更有益于大脑健康和整体表现。这一观点引起了一部分人士（耐力运动员）的不满，但一些最新的医学研究证实了这一点。如果你是耐力运动爱好者，请加入我的行列吧。你不需要放弃你热爱的运动，但我建议你在运动的时候，要确保肌肉力量也得到锻炼。（这一点男女都适用。）

2013年，科学家研究了哪种运动对帕金森病患者最有益处。[1]在

一项临床试验中，他们对三种运动形式进行了测试，包括在跑步机上的低强度运动（步行）、在跑步机上的高强度运动（跑步），以及伸展和阻力（重量）训练的结合。和查尔斯交谈时，我已经对这项研究很熟悉了，但我不知道他是否考虑过科学家使用的方案。在研究开始之前，他告诉患者，有氧运动会使病情恶化，结果证明他是对的。查尔斯称这是一项不言自明的研究。正如他预料的那样，同时进行伸展运动和负重训练的病人恢复效果最好，一些病人也从在跑步机上行走中获益。

这些结果是否也适用于我们这些没有帕金森病的人？查尔斯认为答案是肯定的。虽然他认为有氧运动有一些合理的好处，但是对高血压、肥胖、久坐不动或腹部有大量脂肪的人群来说，长期的有氧训练有许多不为人知的负面影响。

首先，有氧训练会导致皮质醇（压力激素）水平升高，从而导致炎症和加速衰老。高皮质醇水平还会增加体内氧化物质的含量。这些氧化物质会加重大脑、心脏、胃肠道和其他器官的炎症。需要明确的是，阻力训练也会使皮质醇水平升高，但这种升高会被阻力训练后释放的其他有益激素抵消，有氧运动后则不会产生这些有益激素。

2010年的一项研究测试了300多名耐力运动员（长跑运动员、铁人三项运动员和自行车运动员）的皮质醇水平，并将他们的测量结果与一组非运动员进行比较。结果表明，有氧运动员的皮质醇水平明显高于对照组，皮质醇水平与训练量之间存在正相关关系。研究人员总结道："这些数据表明，耐力运动员在高强度训练和激烈比赛中反复出现的身体压力，与皮质醇水平长期升高有关。"[2]

2011年的另一项研究观察了骑车对健康、有活力的年轻男性的影响，发现骑车显著提高了皮质醇水平和炎症指标。[3]这是一个重大发现，因为慢性炎症是许多威胁生命的疾病的根源，包括心血管疾病、癌症、糖尿病和阿尔茨海默病。[4]它还与思维清晰度和精力下降有直接且明显的联系。

此外，你的身体还会产生有害的自由基，以应对有氧训练时由于呼吸增加产生的富氧环境。这些自由基会产生氧化应激，也就是说，它们会反超身体中能够抵消其损害的抗氧化剂的数量。氧化应激是造成衰老的一个主要因素，而过量的有氧运动可能引起氧化应激，这一点已被证实。[5]

查尔斯和我都建议通过补充抗氧化剂或益生菌来对抗有氧运动对衰老的影响，但他认为，在日常生活中增加阻力训练会更有效。力量训练能触发合成代谢激素的释放，帮助对抗氧化应激，重建肌肉、骨骼和结缔组织，也能让你进行更多的有氧运动而不受伤。例如，我们知道为了防止骨质流失，力量训练是非常重要的，而有氧运动则会降低骨密度，从而导致骨质流失。[6]

查尔斯告诉我，早在20世纪80年代，塔夫茨大学就开展了一系列研究，旨在研究衰老的指示因素。研究表明，肌肉质量是影响衰老的最重要的参数，其次是力量。这些指标甚至比胆固醇水平、高血压、静息心率、最大心率和其他预测衰老的因素更重要。实际上，从30岁开始，我们的肌肉量每10年就会退化3%~5%。[7]这种肌肉功能的退化性丧失被称为肌肉减少症。虽然这种损失是不可避免的，但也是完全可以逆转的。通过结合运动和重量训练来刺激肌肉和神经系统，我们可以重建失去的肌肉、减少炎症、减少氧化压力、增强力量、改善骨骼健康，同时减缓衰老。听起来这是一个不错的想法！

马克·西森是健康和健身专家以及畅销书《原始蓝图：重组基因轻松减肥，获得充满活力的健康和无限的能量》的作者，10多年前他首次用“长期有氧运动”一词来形容很多耐力运动员的训练方式，即长时间保持75%~80%的最高心率。马克也接受过同样的训练。他曾是一名长跑运动员和铁人三项运动员，他过去常常要摄入大量的碳水化合物来支撑运动。促炎食物和过度训练的生活方式让他患上了骨关节炎、肠易激综合征，而他的职业生涯基本上也就此告终。

马克在成为一名教练后发现，同样的问题也出现在他执教的运动员身上——他们训练得十分辛苦，时间过长，效果却不理想。他开始研究如何在不过度训练的情况下提高耐力，并发现了一个行之有效的方法：低强度大量走动，偶尔做举重练习，每周做一次冲刺练习。他表示，耐力训练的关键是低强度的训练加上偶尔全方位的艰苦训练。我们的祖先曾经就是这样四处迁徙的。他们没有一次性跑一个小时或更长时间。相反，他们坚持做低强度的运动，燃烧储存在体内的脂肪，当处于危险或追逐动物时，他们会完全释放自己的力量。

今天，我们已很难复制这种模式，所以马克建议做30~60分钟的中低水平的有氧运动，比如快走、徒步旅行、骑自行车等。不必每天都做，但每周至少要做几次。这些训练的目的是保持燃脂心率。对于十分健康的人群来说，燃脂心率一般为最大心率的70%~80%，但对于大多数人来说，燃脂心率的最大心率的60%~70%。这是理想的活动水平，它可以减少身体脂肪、增加毛细血管网、降低血压并降低发展退化性疾病的风险——包括心脏病。低强度运动的好处多多，比如你可以每天坚持快走20分钟。

马克还建议，可以在进行这一常规训练的同时，每周增加一到两次无氧训练。他说，负重、无氧状态下的爆发力训练是锻炼肌肉的最佳方式，而纤瘦的肌肉对于降低炎症和获得整体健康是必不可少的。这种训练还能增强你的有氧运动的能力（有氧耐力），促进自然生长激素的生成，增加胰岛素敏感性。

虽然他们的背景迥异，但有趣的是，查尔斯和马克都向我推荐了极为相似的方案，他们的原因也几乎相同。你可能会惊讶地发现，78岁的世界著名医生威廉·西尔斯也是这方面的专家，他写了30多本关于神经发育和育儿的书籍。

西尔斯博士在新加坡做演讲时参观过一个漂亮的温室，尽管得到了最好的保护，但那里的花草树木都在以惊人的速度凋亡。最后，管理员注意到树从来没有动过一下，就在温室里放置了风扇。于是树能够稍微动一动了，它们也开始茁壮地成长。西尔斯博士将这一观察结果与对人类健康最基本层面的理解做对比：就像植物一样，人类需要的不仅仅是食物、水和阳光，我们还需要一个刺激运动的环境。

所有形式的意识运动都会引发一连串的效应，刺激神经发生（新神经元的生长）、神经保护、神经再生、细胞存活、突触重塑，以及新记忆的形成和保留。运动也能让你更加快乐，因为它能刺激内啡肽的释放。盖洛普与分享照顾公司中联合发布的幸福指数显示，每周至少锻炼两天的人比不锻炼的人更快乐，压力也更小。

尽管凯利·斯塔雷特和西尔斯博士的年龄相差了一代人，背景也大相径庭，但他们的观点完全一致。正如凯利所说，认知是由神经系统引导的。如果你想提高认知能力，就必须提高运动能力。唯一有争议的是你应该多久运动一次。

推荐练习

- 树叶的启示：久坐不动，就会枯萎而死；行动自如，便能生机勃勃。
- 每周做一次举重练习。
- 每周做两次拉伸运动。
- 每周做一次冲刺运动。
- 每周散步 3~6 次或做慢速有氧运动，每次持续 20~60 分钟。

法则 23　灵活的人更容易成功

> 虽然拉伸不一定能带来显著的效果，但它可以改变你的运动和表现方式。复原力是影响高水平表现的一个关键因素，通过拉伸运动、瑜伽或其他运动来调整身心是实现这一目的的有效途径。

说到精英人物时，我们很容易会想到海豹突击队。所以，我也邀请了已经退役的海豹突击队队员马克·迪文来防弹电台分享他是如何成为他的领域内的佼佼者的。如今的他已不再率领精英部队作战，而是教导高管团队如何保持高强度、专注、韧性和冷静的状态，这些特质是他卓越的军事生涯给他留下的宝贵遗产。

马克解释说，他提高表现的最有效方法是练习阿斯汤加瑜伽，一部分原因是它让他想起了自己曾受到的武术训练。他把每一个动作都记下来，然后循序渐进地练习，一个动作接着下一个动作，就像他不断突破武术中的级别一样。这种运动给人一种成就感，也让人变得好战。（还有一些更温和的瑜伽练习也能奏效。）

但是，和那些每天进行军人健美操或混合健身运动的人一样，因为一遍遍地重复同一个动作，他开始出现过度劳累引起的伤痛。这种重复性训练会导致功能失调，从而引发伤病。马克很喜欢瑜伽练习带来的好处，比如他的思维会变得更清晰，灵活性也更强，但他也因此受伤，并感到身体疲劳。

2004年，马克还是一个预备役军官，那年他被派遣到伊拉克支援。然而，就在他奔赴伊拉克之前，他的朋友斯蒂芬·赫文斯顿（黑水公司的4个军事承包商之一）的车队在费卢杰遭到叛乱分子的伏击。斯蒂分等人被残忍地杀害。一想到他们不幸遇害的画面，马克就惶惶不安，他知道自己很快就会进入他的朋友遇害的地区。就在他被派遣的几天前，一个恐怖组织发布了一段斩首尼克·贝尔格的视频。

在飞往巴格达的途中，马克感受到了前所未有的紧张。他知道在那里什么事情都有可能发生，所以总是保持高度警惕。他没办法安静地坐着，于是他走到飞机尾部，开始练习瑜伽，尝试让他的大脑平静下来，重新掌控自己的情绪。当飞机转向伊拉克沙漠时，他已经感觉好多了。飞机降落巴格达后，虽然还没有达到最佳的状态（毕竟那是在战场上），但他已经比刚开始时要冷静和专注许多了，也为接下来可能发生的事情做好了准备。

事情证明他是对的。落地还不到15分钟，马克就听到有人大喊："来了！"他抬头一看，一枚迫击炮弹径直地朝他飞来，在距离他1/4英里的地方爆炸。好吧，他对自己说，战斗开始了。

海豹突击队的几名队员随后开车来接马克，把他载到海豹突击队的驻地，这里曾是萨达姆·侯赛因的一座旧宫殿。在那里，他找不到一个可以供他锻炼的地方。说到这里，他略带得意地说，这难不倒他，随机应变是海豹突击队的强项，即使在深夜执行作战任务，他们也能找到训练的方法。他打听到最近的一个健身房位于胜利营，但是去那里需要驾驶装甲悍马车，而且还有可能遭遇伏击，他觉得没必要冒这个险。于是，马克决定绕着院子跑三英里，然后做负重训练。很快，他就有了做瑜伽的欲望，但他不知道巴格达或伊拉克有没有瑜伽课程。所以他决定跟随自己的直觉，根据他从热瑜伽、力量瑜伽和阿斯汤加瑜伽中学到的知识，自行练习。

他在院子附近的湖边找到一个空房子，这并没有听起来那么诗情画意。房子上布满了弹痕，好在一些树木可以遮挡沙漠的酷热，他也因此不用面对基地上其他战士尴尬的目光。马克每天早上都不吃早餐，他会利用早餐时间在他的新训练场练习瑜伽、做功能性训练、练习自卫动作、冥想等。他发现每次完成锻炼后，内心都会感到异常的清醒和平静。

那时，他已经充分掌握了有关运动和呼吸练习的知识，能够将它们融会贯通。当他需要恢复元气时，他就会选择能帮他恢复和减少战斗压力的姿势、呼吸技巧和想象训练。而当他想锻炼身体时，他就会选择高强度的姿势来热身，做负重练习，然后再进行一些专注力训练。这种训练可以让马克在战斗风暴中保持平静。即使在伊拉克战争最为胶着的时候，他也能够每天起床都感到平静、活在当下、精力充沛，掌控自己的情绪，为即将到来的任务做好准备。你不妨也试试他的方法。

久而久之，马克已把他的日常锻炼改良成一种适合每个人的方案，他用这种方法来训练其他海豹突击队队员。在研究过程中，他发现瑜伽是功能性健身计划的一种必不可少的补充，但它不能代替所有训练。只有在和某种形式的重量训练相结合时，瑜伽才能带来全面的效果，平衡激素、增加力量和灵活性、刺激生长激素的释放，这些对细胞的繁殖和再生至关重要。

马克的练习里包括呼吸练习、精神训练（注意力集中、想象或冥想）和功能性训练。这些训练可以是传统的瑜伽、混合健身、壶铃摇摆，也可以是任何其他让你脱离空间和时间去关注你的身体，并将运动与呼吸连接在一起的练习。通过坚持不懈的实践，马克发现自己正在建立一种内心的秩序，调整自己的思想和情感，真正做到像一名战士一样意志力强劲。因此，他将自己练习的瑜伽用日本武士精神来命名——Kokoro 瑜伽。

这种内在训练帮助马克更好地从体能训练中恢复过来，让他能够逐步提高自己的健身技能，而不会因为高原环境、疲劳或受伤而影响自己的表现。他认为这种做法带来的主要好处是增强了脊柱健康。因为它可以充分让脊椎放松，让血液和能量在其中流动。他说，脊柱健康代表着你的神经系统更健康，你的身体的其他部位也会因此更健康。

Kokoro瑜伽的第二个好处是排毒。瑜伽姿势可以帮助你的内脏排毒，而心理训练可以净化你的思想和情绪，帮助你变得更加专注。第三个好处是增强关节和肌肉的灵活性。做Kokoro瑜伽不一定要把脚放在脑后或者把自己扭成“卷饼”。恰恰相反，马克称这些动作是“愚蠢的人类把戏”，中看不中用。

几年来，我通过瑜伽练习学会了如何正确地运动，我很高兴45岁的我还能拥有6英尺4英寸的身高和发达的肌肉，还能够做马克所说的“愚蠢的人类把戏”（把脚放在脑后），这是我16岁时做不到的。

那么，一定要练习瑜伽才能改变自己吗？不一定。但它是获得身体力量和灵活性的最有效的方法之一，它同时也能让你的头脑冷静和清醒。在线培训虽然也能帮你改善一些，但是有专业的老师给你调整动作也是很有必要的。

推荐练习

尝试几种瑜伽，看看哪些有效，哪些老师能让你产生共鸣。阿斯汤加瑜伽、流瑜伽和艾扬格瑜伽都可以尝试。

第 9 章　如何才能吃得对

读到这里，你是不是很想知道成功人士给出的第一条建议是什么？当然，你可能希望不管它是什么，最好都不需要做更多的脑力训练或开发神秘的忍者能力。好消息是，我采访的75%的人认为，与你的表现最息息相关的，是你每天都接触的一件东西：食物。

没错儿，有3/4的成功者认为，对食物的选择是帮助他们更上一层楼的最重要因素。这一点比冥想、锻炼和其他一切都重要。当然，你可能会说这可能与我采访了世界上一些顶尖的医学和营养学专家有关。确实，在自我提升的过程中，我意识到我吃的东西影响了我的行为，这自然让我去采访那些对食物非常了解和关心的人，其中就包括一些改变了我们对食物的看法的专家。

没有什么比数据更有说服力。许多与健康领域无关的嘉宾告诉我，他们会有意摄入高质量的食物为身体和大脑补充能量，从而提高他们的精力、专注力和脑力，让自己成为一个领导者。

当然，关于什么才是真正适合人类的高质量食物还有很多争论。如果你想了解我的看法，可以看看《防弹饮食》一书。本章的重点不是讨论应该吃什么，而是探讨为什么食物在成功者心中的地位如此之高，以及为什么它也在你的清单上名列前茅。我保证，这些法则绝不包括在咖啡里加黄油！

法则24　不饿时就不吃饭

> “
>
> 人在感到缺失时，才会吃东西。有时是因为缺乏食物，有时是因为缺乏能量，有时是因为缺少睡眠。但更多是因为缺乏爱，缺乏联系，甚至缺乏安全感。尽一切可能去了解什么时候你是因为食物而饥饿，什么时候是因为更深层的东西。全情投入工作，直到摆脱让你感到空虚的东西。
>
> ”

辛西娅·帕斯奎拉-加西亚是一位著名营养学家、精神领袖、模特、媒体人和畅销书作家。在此之前，她是一名电脑工程师，还是营养转型研究所（一个结合了营养科学、心理学和精神实践的营养认证项目）的创始人兼总裁。此外，她还是网络节目《你真正渴望的是什么？》的主播，这个节目超越了食物的范畴，探索是什么阻碍了人们拥有想要的身体、健康和生活。

几年前，辛西娅混迹在娱乐圈，做过模特和电视主持人，过着典型的好莱坞式生活：长时间工作，缺乏休息，频繁聚会，大量饮酒。这一切让她感到苦恼不已。不节制的生活让她超重25磅，脸上长满了痤疮，头发开始脱落，身材走形。辛西娅不仅肉体上备受折磨，也一直在与抑郁症斗争。她的生活方式也带来了另一个结果——她被诊断出患有慢性疲劳综合征。不管睡多久，她都一副无精打采的样子。此外，她还有短期记忆丧失的问题。

辛西娅意识到她需要帮助。她去找了医生、营养师和教练，尝试了各种各样的精神和能量疗法，吃药，喝奶昔，但是一点儿帮助也没有。一天早上，她从洛杉矶的一个单间公寓里醒来，发现自己的两个乳房都有肿块。她顿时瘫倒在地板上，麻木不知所措。她问自己怎么会这样？

这不是她第一次面临如此大的挫折。她从小家庭条件不好，生活捉襟见肘。年轻时，她还遭遇过家庭暴力和性侵犯，这种经历使她患上了情感障碍，并一直持续到成年。她说，发现乳房肿块的那天早上，她觉得活得太累了。她好像斗争了一辈子，再也斗不动了。她愤恨为什么她要承受如此多的痛苦。我很敬佩她在采访中表现出的坦率和勇气。

她接着说，冷静了下来后，她听到内心有一个声音告诉她，应该感恩这些事情发生在她的身上，而不是抱怨。她意识到自己给自己贴上了"受害者"的标签，但其实还有很多人会经历与她类似的苦难，曾经和她一样感到绝望、失败和自暴自弃。她意识到她的使命就是帮助这些人。

但她首先需要帮助自己。辛西娅开始研究自己的症状，深入研究营养学的方方面面。她参加了学校的培训项目，去学习健康心理学。她还学习了冥想和草药方面的知识，了解了食物的不耐受和减肥阻力，并发现了以正确的方式排毒和净化身体的方法。她实践了精神疗法，并体验了它们是如何将其他东西结合在一起的，她开始将自己所学的东西融入自己的生活方式中。起初，效果并不明显，但她没有放弃。随着时间的推移，她的症状完全消失了，她的身体和心灵都得到了康复。她愿意去分享她学到的东西。

辛西娅开始用科学、心理学和精神实践相结合的方法，帮助那些正在经历类似挣扎的人。她看到了这些人的转变。他们减掉了体重、皮肤变得光洁、精力充沛、摆脱了无益的人际关系、放弃了自己没有激情的工作，并找到了真正的自我。他们注定是有更大的事业的。食物只是影响他们的其中一个因素。

她认识到，对于很多想改变体重的人来说，问题的根源不是食物，而是比它更强大的饥饿感，如果不把饮食变化与心理和精神治疗结合起来，他们就无法控制住想吃东西的欲望。她把自己的方法叫作"营养转型"，因为这是一个终生的转变，而不是简单的饮食转变。她还成立了"营养转型研究所"，指导教练如何根据每个人的需求设计个性化的方案。

我喜欢这种个性化的营养方案，因为它能帮助人们发现什么时候是食物出了问题，什么时候是你自己的问题（它让你明白，为什么有时你手里拿着一块吃了一半的饼干，却不知道为什么要吃它）。一直以来，我都很清楚，同一种方法并不一定适用于所有人。这就是我把诸多“可疑食物”都列入防弹食谱的原因。所谓的“可疑食物”是指那些只对部分人有效的食物。辛西娅进一步制定了一个可以满足你的心理和精神需求的完全个性化的方案。她说，这就是帮助她做出改变的魔法。

辛西娅的例子听起来可能有些极端，但其实我们大多数人吃东西都是出于情感上的原因，比如出于快乐、愤怒、无聊、悲伤等各种原因。情绪化进食在我们的文化中根深蒂固，以至于很多人在吃东西的时候很难区分它们。辛西娅认为，情绪化进食其实是很容易分辨的——除了因身体饥饿而进食以外的都属于情绪化进食。但这并不是说你不应该吃自己喜欢的食物来庆祝好事。只有在暴饮暴食时，情绪化进食才会变成问题。辛西娅提示，下面的情况都属于情绪化进食：

- 即使不饿也要吃东西。
- 收到令人兴奋的消息时，你的第一个想法是吃点儿东西庆祝一下。
- 当你感到无聊时，吃东西是完美的解决方法。
- 吃东西能让你感到安全。
- 当你的朋友或爱人让你心烦意乱时，吃一顿美食可以让你感觉好起来。
- 在感到压力大、不堪重负时，总是从食物中寻求慰藉。
- 当你对自己在饮食上的疏忽感到失望时，总是决定吃自己喜欢的食物来让自己感觉好一些。
- 你吃完食物后就不记得它的味道了。

以下行为也出现在辛西娅的清单上，但根据我的经验，它们既可能是情绪化进食的迹象，也可能是由于吃了与你的生理机能不相符的食物或味精等化学添加剂。如果你有类似的症状，那么你的问题可能是生理上的，而不是情感上的。如果它们与上述原因匹配，看看是什么原因引起的。

- 你的“饥饿感”突然袭来，并伴有强烈的渴望。
- 你吃完后仍然觉得饿。
- 你只是想吃某一种食物。

如果根据这几点，你确定自己没有暴饮暴食，而是吃错了食物，那么请看下一条法则吧。

推荐练习

- 当你感到不舒服的时候，注意你的饮食。
- 用一个不计算热量的应用程序记录你吃了什么。如果你已经确认自己是一个情绪化进食者，那么可以使用“Rise Up + Recover”这个软件，因为它可以让你在吃饭时跟踪自己的情绪。YouAte这款应用程序可以留存食物的照片，这样你就可以回顾自己吃的东西是否正确了。
- 考虑参加辛西娅·帕斯奎拉–加西亚的项目或其他吸引你的个人发展项目。
- 如果你不知道自己想要什么，可以考虑去看心理医生。

法则25 祖先留下的宝贵经验

> 古代智慧教会你的祖先在什么时间应该吃什么。今天，这种与生俱来的智慧已经被大型食品工业生产的廉价快餐取代。我们应该返璞归真，重拾先辈的饮食习惯。你最适合什么食物一部分是由你的基因决定的，而有些饮食习惯在100多年前就普遍存在了。

巴里·西尔斯博士是营养学方面的专家，营养学与激素反应、基因表达和炎症有关。你可能听说过“区域饮食法”，巴里·西尔斯广受欢迎的系列丛书就介绍了这种方法。早在1995年这套书就引起了人们对抗炎药物的关注。西尔斯博士成就斐然，他发表了40篇科学论文，并拥有14项美国专利，包括癌症静脉注射药物系统和治疗心血管疾病的激素调节法。他还是非营利性组织炎症研究基金会的创始人和主席，致力于开发治疗糖尿病、心血管和神经系统疾病的新型饮食方法。

西尔斯博士认为，我们的祖先积累了上千年关于饮食习惯的观察经验。但“二战”后，我们开始忽视这些智慧。食品变成了一门生意，那种“直接从源头获取食物”的日子也一去不复返了。从前，你是可以从当地杂货店或农民那里买到少量食物的。战后，企业将食品生产机械化、工业化，并向消费者承诺，它们生产的“食品”不仅营养美味，而且价格低廉。在那之后的几十年里，我们基本上无视这可能带来的负面影响，继续追求这样的目标。如今，这种负面影响不仅包括史无前例的肥胖和疾病蔓延，还包括我们基因结构的改变。这些基因结构的改变代代相传，你现在所吃的食物可能会影响到后代的基因。所以，重拾你的祖辈——甚至可能是祖辈的祖辈的饮食习惯，不仅关系到你，还关系到你的后代的健康。

为了向顶级营养学专家学习，我找到了凯瑟琳·沙纳汉博士。凯瑟琳·沙纳汉博士是一位在营养学领域有着巨大影响力的研究者，曾经和洛杉矶湖人队有过广泛的合作（科比曾说凯瑟琳·沙纳汉博士是他绝对信任的人）。沙纳汉博士毕业于康奈尔大学生物化学和遗传学专业，是一名执证家庭医生。她经过研究得到与西尔斯博士一致的观点，并撰写了《深度营养》[①]一书，这是一本值得你花时间阅读的好书。

在采访中，沙纳汉博士解释说，人之所以会生病，是因为我们的基因有太多的期望没有得到满足。为了从遗传的角度来审视我们的健康，我们不仅要观察几天前的食物和生活方式的选择，还要回想过去几年甚至几十年的食物和生活方式的选择，甚至要考虑我们的父母和祖父母的习惯。

沙纳汉博士曾与一些明星运动员合作，他们都拥有完美的身体，经历过他们认为的最佳状态，但其实他们每天都会吃棒棒糖。她说，运动员会因为这个习惯付出代价的，虽然这个代价不会立刻显现。运

① 《深度营养》于2018年11月由中信出版社出版。——编者注

动员的基因在很长一段时间内都得到了良好的呵护，这是他们健康的堡垒，会保护他们不受不良饮食习惯的影响。但如果你的祖先营养不良或遭受饥荒，这些经历就会对你的基因造成一定的损害，使你更容易受到健康问题的影响。换句话说，也许你的所有问题都和你的父母有关。

沙纳汉博士说，如果你遵循“达美乐和多力多滋饮食法”，你最终一定会受到影响，或者更准确地说，你的孙辈会受到影响。我在我的第一本书《更好的宝宝书》中也探讨过这个问题，我希望我的孩子（和孙子）会因此受益。你也可以照做。

说到营养学，怎么能不提到马克·海曼博士呢？马克是《纽约时报》畅销书作家，也是著名的克利夫兰诊所的功能医学科主任。他的观点十分明智，他认为食物不仅仅提供热量，还提供信息。实际上，食物中包含的信息可能与你的身体和基因中的每个细胞交流，并实时影响基因的表达。正因如此，关注食物的质量非常重要。换句话说，是时候重拾祖辈的智慧了。你不必保持与穴居人一样的饮食，但你必须吃真正好的食物。

从与西尔斯博士、沙纳汉博士和海曼博士的谈话中，你可以清楚地看到，我们的祖先有4点认识是永不过时的：

1. 少食多餐。这主要是因为过去食物很宝贵。西尔斯博士说，测试你的饮食是否对你有效的最好方法是关注自己在吃完一餐后多久会再次感到饥饿。如果你在吃完东西后5个小时内都不觉得饿，那就说明你的新陈代谢正常，你的饮食与你的生物化学系统和基因水平相匹配。当然，祖先不可能平均5个小时就吃一顿饭，因为他们很忙，而且也吃不到像今天这样方便的食品。他们吃的是健康可口的饭菜，一两个小时后血糖仍没有下降。

长时间不吃东西是可以保持身体健康的，人类长期以来都是这样。你的身体学会了吸收脂肪并燃烧脂肪，产生酮类化合物。肝脏将脂肪酸转化成这种可溶于水的分子，把它用作燃料。因此，当你吃到食物的时候，你是真正在享用它，而不是受奇怪的化学物质和欲望的驱动。

在采取“防弹饮食法”后，我才摆脱了时刻都感到饥饿的感觉。我平生第一次连续工作了6个小时后才觉得有点儿饿，而不是每时每刻都想吃东西。西尔斯博士说，这表明我的新陈代谢已经恢复，我的食物符合我的基因和身体。当我摆脱了饥饿的驱动时，我才了解到自己真正需要什么。

2. 要吃丰富的蛋白质，尤其是富含亮氨酸的蛋白质。在20种不同的氨基酸中，只有亮氨酸能激活哺乳动物雷帕霉素靶蛋白（mTOR）的基因转录因子，这种因子能促进肌肉中的蛋白质合成，因此有助于肌肉的形成，防止肌肉随着年龄增长而萎缩。亮氨酸的食物来源包括乳制品、牛肉、鸡肉、猪肉、鱼类、海鲜、坚果和种子。你在前一章已读到，随着年龄的增长，预防肌肉萎缩是很重要的，所以我们的祖先在这一点上是正确的。但是，祖先能获得的高蛋白食物很少，因为富含蛋白质的食物很珍贵。摄入过多或过少的蛋白质（来自植物或动物）都是有害的。

3. 不吃光青菜，就不准离开餐桌。为什么呢？因为蔬菜中含有多酚，多酚可以在草药、香料、咖啡、巧克力、茶和蔬菜中发现，它是细胞全速运转必需的物质。现在我们已经知道，即使摄入少量多酚也能激活抗氧化基因，从而产生抗氧化酶。这一点很重要，因为大多数抗氧化剂都只能使用一次，它们消灭一个自由基后就不再工作了。但是，抗氧化酶可以一次又一次地破坏成千上万个自由基，它们就像是吞噬自由基的机器。

摄入大量多酚可以激活抗炎性基因，抑制核因子kappa B的激活，而kappa B是引发炎症的主基因。摄入更多的多酚可以激活抗衰老基因SIRT1，使你的细胞变得更强大、更年轻。此外，多酚还含有可发酵的纤维，可以滋养肠道中的有益细菌，西尔斯博士称它们为“肠道雕刻大师”。

西尔斯博士说，我们每天需要摄入大约一克多酚来激活抗炎性基因。很多人认为他们可以从酒中获得多酚，但是，你需要每天喝11杯红酒或者100多杯白葡萄酒才能获得足量的多酚来产生作用，而摄入如此多的酒精肯定是弊大于利的！

西尔斯博士建议我们可以服用浓缩的多酚补充剂。多酚的食物来源包括蓝莓、葡萄以及其他蓝色、红色和橙色的食物，还有黑巧克力和咖啡。

自从采访了西尔斯博士并为《大脑赋能术》的写作做了这项研究后，我清楚地意识到，就算你真的很喜欢吃蔬菜，只吃蔬菜也不能提供足量的多酚来保持最佳的健康状态。于是我决定每天至少摄入4克多酚：我在我的食物中添加了香草和香料（咖喱粉、姜、孜然、肉桂、牛至、鼠尾草、迷迭香、百里香和欧芹都是多酚的重要来源），下午喝脱咖啡因咖啡，我还制备了一种多酚含量很高的补充剂——多酚醇。

最近，我通过纳文·贾因创办的Viome公司测试了我的肠道菌群。坏消息是，我年轻时服用了近20年抗生素，已严重损害了肠道菌群的平衡和多样性。好消息是，我的饮食中的高水平多酚起到了作用。它们能抑制炎症，让我比以前更瘦、更健康了。仅仅靠食物就获取高水平的多酚是不现实的，因为你每天得吃下超量的蔬菜，你的胃根本承受不住！所以吃蔬菜的同时，也要补充多酚来获得更多的肠道支持。

4. 出门一定要带上鱼肝油。此外，提纯的EPA（二十碳五烯酸）和DHA（二十二碳六烯酸）鱼油，或者更厉害的磷虾油也是不错的选择。西尔斯博士的研究重点是ω–3（奥米茄–3）脂肪酸，这是我们身体所需却不能自我生产的两种不饱和脂肪之一。另一种是ω–6（奥米茄–6）脂肪酸，它在食物中的含量远远高于ω–3脂肪酸。ω–6脂肪酸是炎性激素的基本成分，ω–3脂肪酸是抗炎性激素的基本成分，两者都有益于健康，对身体是必需的。

ω–6和ω–3脂肪酸在人体中的含量的理想比例应该在1∶1.5到3∶1之间。也就是说，你每吃3克ω–6脂肪酸，就需要1~2克的ω–3脂肪酸。西尔斯博士说，这是控制炎症的最佳方法，但大多数遵循美国标准饮食的人的摄入量接近18∶1。有没有想过为什么你吃垃圾食品后，工作表现更差？看看你的ω–6摄入量就知道了。

我们整个社会的炎症水平正逐年上升。西尔斯博士认为，我们当前面对的几乎每一种疾病——肥胖、糖尿病、心脏病、癌症和阿尔茨海默病，都属于炎症性疾病。然而，雪上加霜的是，我们饮食中的ω–6脂肪酸却越来越多。

植物油是ω–6脂肪酸的主要来源，但大多数人都摄入过量，因为它们是世界上最便宜的脂肪来源。这听起来可能有些极端，但沙纳汉博士说，我们应该把植物油称为“死亡液体”，因为它们在化学上非常不稳定，会促进自由基的形成，而自由基可以直接破坏我们的DNA（脱氧核糖核酸），其作用类似于辐射。所以，沙纳汉博士在采访中说，食用植物油就像被辐射了一样。对于想要改善健康状况的人来说，摄入过多植物油绝对不是好事。

然而，我们目前饮食中植物油的含量是有史以来最高的。诞生于1985年的油菜籽油是美国第二大植物油来源。美国人的平均脂肪含量比以往任何时候都高。沙纳汉博士说，如果你对人体脂肪组织进行活检，你会发现它与50年前的情况已截然不同。如今，液态脂肪的比例更高，更容易降解和发炎。

如果你仍感受不到植物油的可怕，就想一想你的大脑有50%是由脂肪组成的。如果你的身体无法获得健康的脂肪，它就会利用你吃过的劣质脂肪来构建你的大脑。沙纳汉博士将这比作建筑工地的场景，承包商说：“我知道你想用砖砌成房子，但我们没有砖，只有这些聚苯乙烯泡沫塑料球，所以暂且用这些材料试试，看看会发生什么。”就像承包商一样，身体会充分利用已有的材料，但如果你的大脑是由炎症油脂构成的，你很可能就达不到最佳状态，因为你的大脑就像一块松饼！

沙纳汉博士告诉她的病人，直到他们用健康的脂肪重建大脑之后，他们才会找回自己的状态。她说，通常需要2~6个月的时间，他们才会觉得自己的大脑又恢复了正常。这也是我的感受。当我抛弃了原有饮食中的脂肪，改为从黄油、牛油果、椰子油、脑辛烷油和草饲酥油中摄入更多稳定的脂肪后，我感到精力异常充沛并且干劲儿十足。

妮娜·泰肖尔兹是我的另一位嘉宾，她也对植物油的广泛使用表示不满。妮娜是一名调查记者，她的文章曾刊登在《纽约时报》《纽约客》《经济学人》等出版物上，她还是《纽约时报》畅销书《脂肪的真相》的作者。

妮娜向我讲述了美国心脏协会的历史。20世纪40年代的美国心脏协会是一个由心脏病学家组成的不起眼的小团体。当时亨氏、贝斯特、佳格等食品制造商的规模和影响力开始扩大。1948年，宝洁公司表示，它将向美国心脏协会注资。

很快，将近200万美元被注入美国心脏协会的资金库。这笔研究经费让协会在全美打开了新局面，逐渐发展出今天我们所知的影响力和权威性。1961年，该协会发布了第一套营养指南，建议美国人从食用饱和脂肪酸转向不饱和脂肪酸，包括植物油。巧合的是（或者不巧的是），克罗斯原油（固化植物油）正是宝洁公司的主要产品之一。

但是，我们的身体和大脑都需要饱和脂肪酸。它们是唯一一种能提高高密度脂蛋白胆固醇（HDL，或称“好”的胆固醇）的脂肪，是激素的组成部分，也是最稳定的脂肪。它们由于没有多余的双键可以与氧气发生反应，所以可以在室温下凝结成固体。也就是说，它们加热后不会产生有毒的氧化物。

植物油是一种多不饱和脂肪酸，这意味着它们有许多双键可供发生氧化反应。高温下它们的反应性更强，尤其是长时间处在高温下的情形（想想餐馆里的油锅）。

食品工业试图通过开发反式脂肪来解决这个问题。反式脂肪是硬化油的副产物，可以使植物油变得更稳定，更像饱和脂肪。麦当劳等公司过去常常用饱和脂肪来炸薯条，但由于饱和脂肪成本偏高，他们就采用了硬化油（反式脂肪）。2007年，反式脂肪的毒性被发现，之后餐馆用普通植物油取代了它们。

这样做是很危险的，因为加热后的植物油不仅极易引起发炎，而且不稳定，容易引起火灾。妮娜告诉我，她采访过一家大型石油公司的副总裁，这位副总裁告诉她，在一些主要快餐连锁店改用植物油煎炸之后，就引起了一些可怕的安全隐患。各种各样的垃圾堆积如山，堵塞了下水道。当他们把浸满植物油的餐厅制服放在要清洗的卡车后面时，制服会自燃。

你知道哪种脂肪在室温下呈固体且稳定，不会被氧化吗？答案就是饱和脂肪。猜猜我们的祖先过去是用什么做饭的？很可能是猪油或黄油，它们都很健康美味，不会在厨房里冒烟。巴里医生说得对：祖先比我们想象的更有智慧。

推荐练习

- 不要吃植物油，如大豆油、玉米油或菜籽油，尤其不要在餐馆里吃这些油。尽量食用饱和脂肪（黄油、猪油、酥油、椰子油、脑辛烷油或MCT油）。不要在烹饪时加入橄榄油，等菜肴完成后再淋上橄榄油。

- 如果你进食后不到5个小时就感到饥饿，你就应该调整你的饮食结构。
- 多吃ω–3脂肪酸和鱼油，但不要吃坚果。
- 从健康的动物或亮氨酸含量高的蔬菜中获取充足但不过量的蛋白质，大约每磅体重摄取0.5克蛋白质；如果你想锻炼肌肉，每磅体重最多摄入0.8克蛋白质。
- 香草、香料、咖啡、茶、巧克力和彩色蔬菜可以帮助你摄入更多的多酚。选择高质量的补充剂，以便摄取足量的多酚。

法则26　善待你的肠道菌群

> 肠道菌群具有比我们想象中要大得多的作用。它们不仅能让你变胖、感到劳累、行动迟缓，还能赋予你额外的能量去获得新的能力，甚至让你感到沮丧。它们掌握着一切，如果你对它们不好，你的表现就会受到影响。相反，如果你善待它们，它们就会任你差遣。下面让我们一起来学习如何让它们听命于你吧！

戴维·珀尔玛特博士因他的畅销书《谷物大脑》为人熟知。他也是一名顶尖的内科医生，改变了我们对大脑和食物之间关系的看法。他是为数不多获得委员会认证的神经病专家之一，也是美国营养学院的研究员，有多篇文章发表在科学期刊（《神经病学档案》《新外科》《应用营养学》）上。戴维·珀尔玛特还在迈阿密大学米勒医学院担任副教授，并且经常在哥伦比亚大学、斯克里普斯研究所、纽约大学和哈佛大学组织的研讨会上讲课。很少有医学专业人士像他一样同时具备多个学科的广泛资质，最重要的是，他是一个了不起的人。

珀尔玛特博士认为我们和肠道菌群之间建立了美好、自我支持、互惠互利的关系。肠道菌群是由细菌、病毒、真菌和其他微生物组成的复杂群落，存在于人体的肠道中已经有几百万年的历史。虽然这些细菌在我们体内存在了很长时间，但直到最近有关它们的秘密才被一点一点揭开。据珀尔玛特博士说，同行评审期刊发表过的关于人类菌群的文献有90%都是在过去5年内发表的。

那么，为什么我们突然如此认真地对待肠道菌群了呢？首先，这是一门全新的科学：美国国家卫生研究院的研究人员大约5年前才完成了微生物群的图谱绘制。其次，这种共生关系对人类的威胁正变得越来越严重，导致了当今的许多健康危机。珀尔玛特博士认为，过度使用抗生素消耗了肠道内的微生物数量，对人体微生物群造成了巨大的损害。这种损害可能是永久性的。研究表明，我们体内微生物数量的减少与当前的肥胖症流行有关，尤其是儿童肥胖症。

抗生素与体重增加相关的观点并不新鲜。早在20世纪50年代，畜牧业从业者就发现了这个事实，他们在给动物喂食抗生素后发现它们会长胖。今天，美国生产的75%的抗生素都被喂给了牛，因为它能使牛长肥，节省农民的饲料开支。

即使摄入的热量相同，被喂食了抗生素的动物也会更胖。如果减少热量摄入是减肥的秘诀，那么抗生素就不可能让摄入同等热量的奶牛或人变得更胖。还有一点，人工糖会显著减少肠道菌群的多样性，这就解释了为什么喝无糖汽水的人更容易变胖。简言之：肥胖与热量摄入无关，而与微生物群有关。

肠道健康和心血管健康之间也有联系。几项对老鼠的研究发现，运动的老鼠的肠道细菌比久坐的老鼠要更多样。[1]人类也存在同样的联系。2016年，科学家分析了39名健康受试者的粪便中的微生物群，这些人的年龄、体重指数和饮食相似，但心血管健康水平不同。他们发现，心血管健康水平较高的受试者的微生物群更多样化。此外，这类人群都含有三种能够产生丁酸盐的细菌。丁酸盐是一种短链脂肪酸，存在于草饲黄油中，对健康的大脑至关重要。[2]近期一项令人费解的研究表明，心脏病患者体内几乎所有的脂肪斑块都是由肠道菌群产生的，[3]而不是由他们摄入的脂肪形成的。

这就是只吃草饲牛肉的重要性，这类动物的喂养不使用抗生素和谷物，尤其是经草甘膦（除草剂农达的活性成分）处理过的谷物。猜猜草甘膦是怎么？它是一种抗生素。草甘膦改变了人类的肠道菌群，影响了我们吸收维生素D的能力，还改变了我们消化食物的方式。目前，有近190亿磅草甘膦被释放到环境中。而根据珀尔玛特博士的说法，服用一个疗程的抗生素就会改变你的肠道菌群。

珀尔玛特博士表示，除了让我们变胖，过度服用抗生素也为产生抗药性的“超级细菌”铺平了道路。世界卫生组织将超级细菌列为地球未来10年的三大健康威胁之一。考虑到目前地球面临的其他威胁，这是相当可怕的。

在为《防弹饮食》和《大脑赋能术》这两本书收集资料的过程中，我开始相信人类天生就是为肠道菌群服务的。微生物的平衡性决定了人体的生理机能，包括你的新陈代谢、皮肤、消化和体重。在过去的几年里，研究人员发现肠道菌群还能控制你的精神。你的肠道和大脑一直存在着联系，这要归功于一种叫作肠脑轴的通道。事实上，有些细菌会制造神经递质，直接影响你的大脑活动。

我们能做些什么呢？虽然我们的祖先可能不知道，但他们的所有建议都是对肠道菌群有益的。除了避免食用加工食品、工厂饲养的动物、谷物喂养的肉类和所有转基因食品（这些食品都可能用草甘膦处理过）外，只在迫不得已时才服用抗生素，并经常吃有益于健康肠道细菌的食物。比如多酚和益生菌纤维，这些都是你的肠道细菌喜欢的食物。

珀尔玛特博士说益生菌纤维对于健康很重要。耶路撒冷洋蓟、豆薯、蒲公英、洋葱、大蒜、韭菜、芦笋和菊苣等食物中都富含益生菌纤维。煮熟并冷却的白米饭中也含有一些抗性淀粉。发酵食品对喂养肠道细菌也很有帮助。祖先的智慧再一次发挥了作用。发酵食品一直是人类传统饮食的组成部分，这类食物可以滋养微生物群，因为随着食物发酵，细菌会繁殖。泡菜、酸奶、酸菜和康普茶都是富含健康细菌的发酵食品。即使你不是美食家或健康爱好者，你也可以选择这些食物。高效人士都吃这些食物。

马克·海曼博士说，你吃的每一口食物可能都会改变你的肠道菌群。一天下来，你的肠道的健康程度决定了你整个人的健康。吃东西就像园艺。你的肠道菌群是你的内在花园，如果你用正确的食物给你的花园施肥，你就会种植出正确的“植物”。

海曼认为，修复病人的内脏是改善他们的生活和健康所做的最重要的事情。他说，一旦他们的营养恢复正常，肠道愈合，90%的症状就会消失。这简直太棒了。海曼博士的饮食原则很简单：吃没有条形码或营养标签的食物，也就是要吃真正的食物，如鳄梨、杏仁、草饲肉类和大量的蔬菜。

换句话说，你应按照祖先的方法吃饭。

推荐练习

- 每餐都要吃一些纤维或抗性淀粉以及大量蔬菜。
- 吃未经加工的有机食品，如果找不到草饲肉类，就不要吃肉。
- 尽可能避免使用抗生素，也不要吃用抗生素喂养的动物的肉和其他产品。
- 吃适合你的发酵食品。

法则27　补充剂不是可有可无

“

我们是从一个洁净的环境中进化而来的。以前，只要有足够的高质量的食物，我们就能心情愉悦、健康成长、繁衍后代。但那样的日子已经一去不复返了。现在，你必须克服清洁的空气越来越少、食物和水资源也在减少等问题，才能获得更好的表现。只保证摄取最有营养的食物已经不够了。那些表现好的人正在使用膳食补充剂来提高自己的表现，延长寿命。所以，补充一些维生素吧。

看看数据，你就知道有多少成功者提到了补充维生素的重要性。虽然成功者不只补充维生素，但他们把补充维生素看作他们成功路上的一个重要因素。我也一样。

下面以比尔·安德鲁斯为例。他一直致力于找到延缓衰老的方法。作为塞拉科学公司的首席执行官，比尔是世界顶尖的抗衰老专家。和许多人一样，他进入这个领域也是出于个人兴趣。50多年前，当他还小时，他的父亲对他说："我不明白为什么没有人能治愈衰老。比尔，既然你对科学这么感兴趣，等你长大后，你要成为一名医生，找到治愈衰老的方法。"从那以后，比尔就一直沉迷其中。

在研究了数十万种化合物之后，比尔把他的研究重点放在了端粒上。端粒是DNA上的保护端帽，在染色体复制时可以保护染色体不受损害。随着年龄的增长，端粒会缩短，保护DNA的能力也会减弱。最终，DNA的末端会变得很脆弱，你也会面临着更高的患病概率和死亡风险。1993年比尔得知端粒会随着时间的推移而缩短，他认为这可能是造成衰老的原因，于是他开始研究如何防止端粒缩短，并让它们重新长回来。他的公司也以此为使命。

控制端粒的基因叫作端粒酶基因。比尔解释说，人体中的所有基因都有一个开关，控制开关的通常是基因和染色体附近的某种蛋白质。于是，他开始寻找端粒酶的开关，但7年过去了，他仍然一无所获，世界上的其他实验也是如此。他决定暂时搁置这种方法，转而实施B计划，即找到某种合成物质（药物），在给细胞注入这种物质后，它们就可以开启或关闭开关。在他的设想中，这些药物可以与他想要寻找的蛋白质结合。这种药物本质上就像鱼钩一样，能“钓出”正确的蛋白质，同时还能作为一种潜在的治疗手段，延长端粒和寿命。

比尔和他的团队取得了巨大的成功。然而，在研究之初，全世界的科学家都认为这是不可能的，没有人相信他能找到一种可以激活端粒酶基因的分子。今天，他已经发现了近900种可以激活端粒酶基因的化学物质，彻底改变了人们的认知。

艾丽莎·埃佩尔博士与诺贝尔奖得主伊丽莎白·布莱克本博士合著了一本名为《端粒效应》的书，你可以在后面的章节读到更多关于艾丽莎的内容。伊丽莎白·布莱克本博士因发现了端粒和端粒酶的作用而获得了诺贝尔奖。埃佩尔博士在防弹电台上讨论了端粒和压力，我们还讨论了膳食补充剂在抗衰老方面是否有作用。她的回答很简短——“也许”，但她觉得生活方式和压力因素是同样重要的。

比尔和埃佩尔都认为，延长端粒的长度或降低端粒缩短的速度，不仅会影响衰老的进程，还会对所有疾病产生影响，尤其是与细胞分裂有关的疾病。这些疾病包括癌症、心脏病、阿尔茨海默病、骨质疏松症、肌营养不良症、免疫系统紊乱等。即使是患有艾滋病或其他退行性疾病的人，服用能够延长端粒长度的药物也有可能受益。免疫细胞端粒的加速缩短是所有由艾滋病引起的疾病的主要原因。正因如此，感染艾滋病病毒的人体内的T细胞会消失。

如今，这些高度专业化的补充剂价格不菲，但以后就不一定了。随着越来越多的人明白拥有更好的免疫系统和延迟衰老的重要性，这类补充剂的价格会逐步下降，就像手机的价格从1985年的25 000美元下降到今天的几乎免费一样。不过，我恐怕等不到那一天了。

不耐烦有时是一种美德，尤其是谈到长寿这个话题时，所以我找到了研究营养不良的专家，想了解如何增强以及延长肌肉的机能。在过去的10年里，凯莉·罗姆布鲁利用她在医学和生物学的知识研究了维生素K_2的作用，并在国际上推广这种鲜为人知却效果显著的补充剂。

2007年，凯莉读了牙医韦斯顿·普莱斯的著作《营养与身体退化》，她第一次对维生素K_2产生了兴趣。这本见解独到的书出版于1939年，记录了原住民在食用工业食品后健康水平出现下降的现象。几个月后，她开始研究维生素K_2，并注意到它的效果和她在普莱斯的书中读到的内容有着惊人的相似之处。

20世纪30年代，韦斯顿·普莱斯从瑞士到非洲游历时发现，那里的很多人都拥有美丽、完美、洁白、健康的牙齿，且没有蛀牙，令他震惊的是，他们居然没有刷牙和用牙线清洁牙齿的习惯，也没有牙医。事实上，是当地原住民良好的饮食习惯使他们的牙齿保持健康。他们食用各种各样的食物，这些食物含有丰富的维生素和矿物质，特别是脂溶性维生素。普莱斯在他们的饮食中发现了高水平的维生素A

和维生素D，还有另一种他从未见过的脂溶性维生素，因为不知道它叫什么，普莱斯把它称作激活物X。因为他观察到它可以激活DNA，使人们从饮食中已存在的维生素和矿物质中受益并加以利用。

普莱斯研究激活物X后发现，它与维生素A和维生素D一同摄入时对治疗蛀牙非常有效。于是，他不再给病人钻孔和补牙，而是给他们提供营养方案。他还公布了利用激活物X治疗的前后对比照片，治疗后牙齿上的洞闭合了。他发现只要有合适的营养，我们的牙齿就可以自我愈合。普莱斯发现，某些食物含有含量很高的激活物X，比如我最喜欢的草饲黄油。

多年来，激活物X一直是个谜，也是医学界和营养学界争论的话题。直到2008年，科学家们才发现它就是维生素K_2。彼时，很多关于钙补充剂增加心脏病和中风风险的研究被发表出来。凯莉博士说，钙补充剂本身并不安全，我们需要让身体安全地利用钙，把它送到正确的地方，并让它远离你的动脉。

钙应该被骨骼和牙齿吸收，但往往事与愿违。当骨骼和牙齿中的钙流失时，矿物质也一并流失，结果就是骨骼和牙齿上会出现孔洞，我们也会因此得上骨质疏松或者患上龋齿。但与此同时，你的身体的其他部位可能会堆积过多的钙，比如动脉、肾脏、跟骨或者乳腺组织。我们似乎陷入了一种两难境地，我们需要钙，但是它有时会出现在错误的地点。

在任何时候都保证钙在正确的位置，这正是维生素K_2的作用。令人难以置信的是，你可以通过服用维生素来促进骨骼和牙齿健康，甚至保持心脏健康。我选择服用维生素K_2，因为它带来的回报大于风险。

多年来，我一直相信维生素K_2具有神奇的功效，我也一直在使用补充剂来排毒，并收到了很好的效果。在这个过程中，我采访了该领域的杰出人物之一——威廉·J. 沃尔什博士，他发现了营养不足和精神疾病之间的联系。在过去的30年里，他为那些被诊断为行为障碍、注意缺陷障碍、孤独症、临床抑郁症、焦虑、双相情感障碍、精神分裂症和阿尔茨海默病的患者开发了生物化学疗法。

这一切都始于35年前，当时沃尔什博士是芝加哥地区的一名监狱志愿者，他试图从生物化学角度研究一些暴力罪犯的行为。他注意到，许多暴力罪犯和重罪犯的血液中含有非常高的微量金属元素。进一步的研究表明，铜等金属对神经递质水平有着直接的影响。沃尔什博士用营养疗法治疗了许多人，从那以后，他用类似的方法解决了各种问题。

这是补充疗法的一个极端案例。但即使你没有精神健康问题，适当的补充剂也很有可能让你的表现大为改观。我很幸运，因为我的志愿者工作（我运营了一个抗衰老的非营利性组织超过10年）让我很早就认识到了这一点，它深刻地改变了我的大脑和行为，使我成为一个好丈夫、好父亲和出色的企业家。在过去的10年里，越来越多的精英人士使用膳食补充剂来补充他们的营养摄入。我说的不仅仅是职业运动员——几乎每个领域的精英人士都在使用它们。

不久前，我有幸见到了丹·佩纳，他靠自己的双手积累了500亿美元的财富。他接受了我的邀请在防弹会议上发言，我看到他活力四射，充满朝气，比大多数年轻人更有活力，也比我更加精力充沛。我在他位于苏格兰的城堡里吃晚饭时，拿出了一袋补充剂。大多数人看到我每顿饭吃那么多药片都会忍俊不禁，但丹只是看着我说："我比你吃的还多。"随后他拿出他自己的补充剂。然后，他给我看了他的补充剂服用记录表。我很惊讶，但我真的不应该感到惊讶，所有领域中的精英都在服用补充剂，因为它们真的不会让你失望。如果你不服用的话，那么你的能力肯定还没有完全发挥出来。

如果你担心你的身体吸收不了这么多物质，没关系，它们会随着尿液排出来的。

推荐练习

- 补充维生素 D_3、维生素 K_2、维生素 A、镁、磷虾油 /ω–3 脂肪酸、铜、锌、碘、酪氨酸、维生素 B_{12} 和叶酸。
- 从植物中获取多酚。
- 考虑去看功能医学科医生，检测一下你的营养水平。
- 利用补充剂来达到你想要的效果，并试着看看它们是否对你有效。

第10章　从现在开始，行动起来

这些年来，我一直觉得自己是一个异类，我把自己当作一个小白鼠，努力破解人类行为的生物学密码。但事实证明，我并不孤单。在450多名成功人士列出的20大优先事项中，自我试验也位列其中。来自各行各业的精英之所以能够成功，是因为他们热衷于寻找新的方法提高自己的表现。做到这一点分两个步骤：衡量目前的身体状况，采取行动做出改变。

尽管有很多证据不支持，但有些人对我的说法仍然持怀疑态度，他们不相信身体状况会影响到精神表现。我想对这部分人说：你可以试着在狂欢之夜后的清晨解决一个难题。你的表现（包括情感和认知上的表现）直接反映了你的身体素质。正因如此，了解你的身体状况很重要。然而，量化本身就像收集一小包不匹配的纽扣——只可以作为一种爱好（如果你喜欢这种东西的话），但不是很有成效。数据只有在有用时才有意义。先掌握必要的知识，再付诸行动：首先，你需要量化你的身体情况；其次，你需要确定应做出哪些改变；最后，行动起来。

事实上，我们的身体带有一些内置的传感器，它们是很便利的生物反馈机制。这些传感器叫作“感觉”，当没有技术支持时，它们可以提供实时数据。你可以尝试我写过的所有关于营养的攻略，但如果你还是觉得自己一点儿改善也没有，那就说明你所做的尝试没有效果。判断自己在一天结束后，是感觉自己毫无用处还是像一个闪耀着光辉的神，这是评估你是否有所进步的最佳方法。这种方法比任何数据都更有价值，因为当你自我感觉很糟糕时，你就会诸事不顺。相反，当你自我感觉良好时，你就可以做出成绩。当然，如果你能得到一些更详细的生物数据，或许就能找出你觉得自己毫无用处的原因，并制订一个解决方案，帮助你达到你从未有过的状态。

本科时，我学的是决策支持系统，属于人工智能领域。当时，人工智能是一个颇有争议的领域，没有哪位学者愿意把终身事业献给它。毕业时我们被提醒，如果我们说自己学的是人工智能，我们就会失业。从那时起，“云”的概念被提出来，当今世界的计算能力强大到我们可以用它跟踪最琐碎的细节、把它们组织起来并将它们与其他看似琐碎的细节进行比较。这是我曾经热爱的事业，是我能想到的最重要的事情。这就是我获得成功的方式，而且它奏效了。就这样，我靠做自己喜欢的事赚得盆满钵满，我连晚上做梦都是电脑。直到有一天早上醒来，我发现自己失去了对技术的热情。后来，我想利用科技来解决一些重要的问题。

我对技术失去热情的一个原因是，当时的计算机无法从大量不相关的数据中找到规律。但在过去的几年里，新一代程序员做了一些比构建云计算更重要的事情：他们利用神经网络或机器学习技术，让电脑像我们的大脑一样运作。我们终于能够直接给计算机发出指令，让它分析，然后坐享其成。

我们开始将机器学习算法应用到数十万人的生物数据中，希望发现哪种干预措施是有效的。比如，稍后会详细介绍的保罗·扎克医生，他无须做血液测试，就能通过这些技术确定什么会提高人的催产素水平（以及提高多少）。研究人员可以利用这些数据来调查原因，并找到起作用的具体机制，只是这种研究往往需要数年时间。与此同时，我们其余的人都可以从中获益。如果机器学习揭示了一种特定的干预——无论是营养、膳食补充剂、睡眠还是冥想——对90%的人都有显著的好处，我们就可以选择这样做，而不需要知道为什么会奏效。

过去，这类知识需要几代人的时间才能慢慢流传下来。僧侣们坐在寺庙里，用“感觉”冥想，为下一代人记录下哪些知识有用，哪些没用。今天，我的神经反馈初创公司只需要收集超高能人士的脑电波（每秒24 000个样本），将它们输入一台机器，立刻就能得出其中的规律。

在健康领域，许多有远见卓识的人都重视数据而非教条，所以他们有时会得到惊人的结果。越来越多的人决定采取激进的措施，并从中受益，但我们有时不确定为什么它会奏效。我们使用数据来验证什么是有效的，并在需要时纠正过程。这对于人类来说是一个巨大的变化，我对此感到非常兴奋。

法则28 追踪你的身体

> 你完全有能力锁定任何一种你想达到的高能状态，找出你想要改变什么，看看你现在所处的位置，然后开始行动。通过再次检查、筛选和重复，你可以比前人做得更好，因为你能获得更多关于自己和他人的数据。竞争环境比以往任何时候都更加公平，技术将在必要时帮助你纠正方向。

威廉·戴维斯博士是一名心脏病学家，他反对食用谷物，改变了很多人对营养和健康的看法。他是倡导无谷物饮食方式的斗士，是最早对麸质食物的危害性发出警告的医生之一。很少有医学界名人敢于公开反对标准的美国饮食，但戴维斯博士是一个不同寻常的人。

在采访中，戴维斯博士表示，他发现人们的健康管理方式发生了巨大的变化。人们可以获得越来越多的医疗研究成果和数据，市场上可以买到大量价格实惠的追踪设备（从心率监测器到健身追踪器，再到监测睡眠和基本体温的设备），这使得一些人不需要医生的诊断也能自己找到答案。戴维斯博士认为这是一件好事，因为在他看来，主流医疗体系正在走向没落。

在美国，医疗保健支出占国内生产总值的17.5%。相比之下，住宅和商业建设加起来仅占7.5%。制药行业、保险公司、医院、医疗设备制造商组成了一个规模庞大、利润丰厚的领域。虽然医疗保健行业蓬勃发展，但美国人的健康比以往任何时候都更糟糕。据戴维斯博士说，这是因为这个行业更注重利润，而不是病人的护理。并不是说这些行业的从业者都是麻木不仁的，而是说这些公司非常善于根据目标做出决策。而它们的目标往往是错误的，所以它们的决定引发了邪恶的行为。在我看来，这些行为简直罪大恶极。但我明白，它们并非有意如此。

好消息是，今天只需敲几下键盘，就能找到海量信息、专家、研究和数据。获取和理解医疗信息不一定要通过医生。戴维斯博士相信，在未来的几年里，越来越多的人将使用技术来掌控自己的健康，成为“能自我医治的人”。

戴维斯博士说，根据他的经验，自学健康知识并付诸实践的患者通常比只依赖医生提供的信息和建议的患者的治疗效果更好。这是因为当你追踪自己的数据时，你可以发现其他人发现不了的结果，比如特定食物或补充剂对血压或炎症水平的影响。你可以不断调试你的内置传感器，当你感觉不舒服时，这些传感器会告诉你，并把这些数据添加到你的解决方案中。

戴维斯博士建议人们每天醒来测量一下体温，这是最简单的诊断方法之一。体温是甲状腺功能的反映，如果体温过低，说明你的甲状腺反应迟钝。戴维斯博士说，他的邻居曾经说他有一些甲状腺功能减退的症状。他早上的体温是34.7摄氏度，这表明他可能患有甲状腺功能减退症。（2005年我第一次尝试这个方法时，我的体温是35.56摄氏度，有点儿低。）戴维斯博士告诉他：“你可能缺碘，可以服用碘试试。”人体需要碘来产生甲状腺激素。食物中碘的含量不足是甲状腺功能减退的主要原因，主要表现为体温波动。在两周的时间内，他的这位邻居的早晨体温就上升到35.85摄氏度，并逐渐达到健康的36.28摄氏度。

不过，碘在我的身上不起作用，所以我尝试了一个控制系统工程师设计的体温重置方法：每天喝热水，穿羊毛衫，开取暖器，有针对性地服用三碘甲状腺原氨酸，感觉自己像一只煮熟的龙虾，然后在汗流浃背中熬过漫长的一周。这一切都起作用了，我的体温上升了，而且精神很好。（需要提醒你的是，在没有医学知识或医生帮助的情况下，你千万不要这样做，尤其是不要自行服用大剂量的甲状腺激素，这样做很危险。）

不管你是用最新的测温技术还是老式的温度计，都没关系。把自己的健康掌握在自己手中是一种赋能。多年来，我一直在使用跟踪器进行试验，对这方面有很深的了解。几年前，我为第一台联网心脏监测仪设计了数据系统，后来我成为英特尔收购的一家腕带跟踪公司的首席技术官。我有一个抽屉，里面装满了各种各样的健康追踪器，但我从来没有佩戴超过两个星期，因为这些数据不是很有用，而且这些设备既笨重又不舒服。

谢天谢地，那些日子已经过去了。我现在睡觉时会戴着一个Oura智能戒指，它可以跟踪我的睡眠状态、心率、心率变异性（HRV，压力水平）、体温、呼吸频率、活动水平等。表面上看它就是一枚普通的戒指，充电可以用一周，而且完全防水。当我戴着它的时候，你甚至看不出来我是一个“半机械”人。它能提供给我所有我需要的信息，让我知道我的身体正在发生什么，并根据我的生物状态帮我选择进行哪种活动。

虽然大部分情况下，例行公事或“自动”做出某些决定（比如穿什么衣服或早餐吃什么）可以让我们顺利地度过一天（前文说过这有助于防止意志松懈），但例行公事也有风险：如果你是在自动驾驶仪上做这些事，你可能会错过内置传感器发出的重要信号。你的身体是一个动态的、复杂的有机体，它的内部状态每天都在基于无数的变量而发生变化。它会向你发射信号告诉你哪个地方出问题了。当你使用技术来跟踪你的身体时，这些技术可以帮助你评估你的身体在特定时间发生了什么，你可以随时据此调整身体状态。

例如，如果我的戒指告诉我，我昨晚没有进入深度睡眠，因此没有得到足够的恢复性睡眠，那么我就会暂停一天的锻炼，让我的身体充分恢复。如果戒指显示我的心率变异性很低，这就说明我的身体正处于紧张的战斗或逃跑状态，我会选择休息一下，做一些冥想或瑜伽，为一天的活动做准备。当我知道身体已经准备好了（得到充分休息，心率变异性很高），我就会选择接受一个巨大的挑战，并对完成这个挑战充满信心。最重要的是，每次我都能把Oura的数据和我的感觉联系起来。这些数据告诉我，我应该倾听我的神经系统（也就是感觉）发出的信号。

压力本身没有好坏之分，但你的身体每次只能承受一定程度的压力，超过之后身体就会开始产生不良影响。压力分为心理、情感、身体和环境压力。这些压力的影响各异，但它们都会影响你的身体。例如，心理压力会让你精疲力竭。所以，在健身房剧烈锻炼或者整天禁食可能不是从痛苦的分手中恢复的最好方法。实际上，遵从身体的呼唤做你想做的事情会更好，比如盖上被子上床睡觉。

有时候压力不是你能感觉到的，所以在感受外界的压力之前，找出你的身体在无意识中承受了多少压力是很重要的。有时你可能感觉很好，但是如果数据显示你今天不适合锻炼，那么你需要听从它的意见。如果数据显示你的心率变异性长时间都较低，这意味着你的身体承受着很多无意识的压力。找出原因很重要。你经常做的什么事（或不做的什么事）让你变得这样虚弱？你是不是患有慢性低度炎症？对经常吃的食物过敏？或者你周围的环境可能正在影响你？试着改变你日常生活中的某个方面，看看它有什么影响。

当然，你也可以用相反的方式使用健康追踪器提供的信息，确定你的身体对你目前选择的输入数据做出了怎样的反应。经常进行间歇性禁食会让你的身体处于战斗或逃跑的状态吗？不用担心，也不必怀疑。只需检查你在间歇性禁食期间的心率变异性即可。你想知道太晚喝咖啡是否会影响你的睡眠吗？第二天查看你的睡眠报告就知道了。

你可以根据你的生物反馈采取相应的措施。Oura公司的首席执行官兼联合创始人佩特里·拉特拉解释说，Oura智能戒指可以帮助你确定你的时型或个人昼夜节律的表征。你可以根据你在夜间的体温波动来判断。[1]

戴维斯博士解释说，温度变化可能是反映身体状况的一个表象。如果你的体温过低，那么你应该考虑一下是不是甲状腺出现了问题，比如吃了太多粗粮，或者暴露在有霉菌毒素的环境中。对女性来说，注意到温度波动也有助于控制生育周期。女性在排卵期体温会上升约0.3摄氏度。跟踪基础温度可以帮助女性意识到什么时候最适合生育，这是一个非常有用的知识，无论你是否计划生育。

Viome是一家利用机器学习破解人体内部生理活动奥秘的公司。我在第4章中曾提到，我是这家公司的顾问，该公司可以提供监测肠道健康的工具。不过，它不是通过评估你的心率、体温或每天的步数来做到这一点的，而是通过测试你的排泄物。这样做是正确的。它利用价值20亿美元的技术快速识别出身体受到的生物攻击，以前所未有的精细水平识别出肠道中的每一种细菌、真菌和病毒。真正令人兴奋的是，Viome可以通过机器学习，将你的肠道与其他人的进行比较，这样你就能知道你的肠道菌群是在帮助你还是在伤害你，以及怎样才能修复这种平衡。Viome公司的创始人兼首席执行官纳文·贾因说，他的最终目标是利用技术消灭疾病。他相信，正如许多医生和科学家一样，健康始于肠道，不平衡的肠道菌群是疾病的前兆。

纳文把人体看作一个人只占10%、微生物占90%的生态系统。肠道中90%的细胞构成了微生物群，这里产生了体内25%的代谢物。所以，如果你能弄清楚你的肠道里发生了什么，你就能更好地预测你的身体对特定输入的反应。例如，如果你缺乏产生有益短链脂肪酸的细菌，你就知道你执行生酮饮食法的时间有些过长了。

Viome的客户还可以查看生活在他们血液中的细菌、噬菌体和病毒，并了解哪些酶和辅因子（促进酶发挥作用的化合物）低于正常水平。你可以很容易地用补充剂纠正这些不平衡。令人兴奋的是，利用这些信息，我们可以在出现症状之前就意识到这种不平衡。纳文相信，这最终将使我们找到可以预测疾病的生物标志物，在身体出现问题之前就治愈它们。

我十分愿意亲眼见证这一天的到来。长期以来，人体的内部活动一直是个谜。如今，我们可以借助这些工具直观地了解身体内部的情况，这是一个振奋人心的想法。你的生理状态会影响你的表现。难道你不想得到那些可以让你随意改变身体状态的信息吗？

在防弹公司，数据已经融入了企业文化。团队成员测量并分享时型，需要获得多少信息才能做出决定，以及我们表达感激之情的方法。这听起来可能有些奇怪，但这些东西已经深深地根植于我们的生物系统中，了解我们的个性可以帮助我们更好地沟通和合作。如果数据能告诉我哪个人喜欢用拥抱来表达感谢，哪个人喜欢表扬，我就会真的这样做，这样做对大家都有好处。

当领导者帮助公司的员工提高自我认知和自我意识时，他们就会让那些对自己和他人更有同情心、对自己的工作更有激情的员工变得更快乐。

推荐练习

- 使用Oura智能戒指等睡眠追踪器跟踪你的睡眠。如果前一晚睡得不好，第二天就少做高强度的锻炼，也不要禁食。
- 如果你没有睡眠追踪器，那就用你自身的“传感器”吧。当你第一次醒来时，用1~10的等级给你的睡眠打分，并写在纸上。打分的根据是你的感觉有多好，你有多僵硬，你有多焦虑，你醒来有多容易。
- 不要再使用不可靠的设备来记录你每天走的步数或所谓的“能量消耗”指标。它们会分散你对有用数据的注意力：心率、心率变异性、温度和睡眠质量。一旦你懂得这样做，你的生活就会发生改变。

- 如果你的预算很高，让你的功能医学医生给出一份完整的健康指标报告是非常有帮助的。询问所有的激素、甲状腺激素、炎症指标，以及营养分析，或者医生认为有用的其他信息。

法则29 压力会让你更强大

> 紧张和短暂的压力之后的修复期对你身体的每个系统都是有益的，它使我们变得更强大。只有内心恐惧的人才会一直在工作、人际关系或周围的环境中感受到压力。把骑车的原理应用到你在生活中面对的所有压力上，无情地把所有无用的压力从你做的每件事中以及你的身体上去除。

罗恩·亨宁海克博士是堪萨斯州威奇托著名的里奥丹诊所的首席医疗官。我们通常倾向于认为氧化作用是一件坏事。但亨宁海克博士解释称，只要你坚持抑制氧化作用（细胞恢复），短暂、强烈的氧化作用（细胞压力）其实对健康是有益的。

氧化作用是我们的身体处理氧气并利用它来产生能量的过程。它的副产物是自由基。自由基是不稳定且具有高度反应性的分子，带有未配对的电子。自由基会破坏我们的细胞、线粒体，甚至DNA。许多研究人员认为这是导致衰老的主要原因。

减少氧化作用可以逆转这个过程。在这个逆转过程中，具有未配对电子的分子会获得一个电子，从而保持稳定并防止进一步的损伤。你身体里的所有能量都来自这两种状态之间的快速循环。只有死去的细胞才不会失去和获得电子。你的细胞越擅长在这两种状态之间转换，你的表现就越好。我在这里将不做详细讨论，如果你想了解这一部分，可以看我的另一本书《大脑赋能术》。

下面我们说回维生素C。维生素C是一种抗氧化剂（一种抑制氧化的物质）。亨宁海克博士解释说，静脉注射维生素C会有不同的效果。（事实上，人类是几种丧失了自身合成维生素C的动物之一，但我相信，人类制造维生素C并有效利用它的能力，是我们的魅力所在。）静脉注射维生素C会在体内产生氧化作用，这听起来有些吓人，大多数主流医生也不会采用。亨宁海克博士将其比作在细胞水平上进行间歇性禁食或高强度训练。氧化作用会杀死功能失调或虚弱的细胞，包括癌细胞和癌变前细胞。

亨宁海克博士的癌症治疗方案包括静脉注射维生素C杀死患病细胞。他还会使用强抗氧化剂，如谷胱甘肽，使其他细胞变得更强壮。这是典型的兴奋效应，通过给身体施加压力或有毒物质，刺激愈合反应。那些杀不死你的细胞的东西会让它们更强壮。在癌症治疗中，用压力杀死虚弱的细胞，让强壮的细胞取代它们，是一个很好的策略。

不做让你变弱的事情，多做让你变强大的事情。正如前文所说，你的身体每次只能承受一定程度的压力。变得虚弱后，它就不能利用兴奋效应或任何形式产生压力。所以，知道什么时候给自己施加压力、什么时候不给自己施加压力都很重要，知道如何放松和恢复以及在做力量练习时仍保持良好的状态也都很重要。成功人士在每个方面都不落下，他们会把这条法则应用在工作中、家里、健身房中、床上、吃饭时，甚至是细胞中（如果有必要的话）。

使用静脉注射的维生素C来对抗某些类型的癌症，听起来是一个很棒的治疗方法，我期待着在未来看到更多关于它的研究。如果我患有癌症，我也会尝试用这种方法治疗。事实上，后来我开始大量注射维生素C，因为我长期处在有毒霉菌的环境中，医生诊断我患有纤维肌痛综合征、慢性疲劳综合征和莱姆病。我在加州圣莫尼卡的防弹实验室里增设了一个独立的维生素静脉诊所，这种疗法非常有效，不治病也能强身健体。通过观察这些疗法对阿尔茨海默病、帕金森病、糖尿病和癌症患者的疗效，我们了解了很多关于身体如何康复的信息。通过使用创新疗法的数据来帮助那些痛苦的人，我们也可以让自己在未来避免同样的痛苦。

推荐练习

- 进行高强度的间歇训练（短跑或举重），然后充分恢复和休息，用更少的运动带来更多的回报。
- 当你的数据显示你有压力时，就不要给身体再增加额外的压力。
- 当你的压力超过你的极限时，像老板一样恢复。考虑静脉注射营养素，做按摩，以及冷冻疗法。去蒸桑拿，或者看电影！

法则30 投资你的身体

> 你做的最重要的投资不是买比特币，不在股票市场，而在于你的身体。慢性损伤、慢性疼痛和衰老不仅会降低你的表现，还会减弱你在重要事情上的精力。尽你所能修复你所拥有的一切，若修复不了再放弃。在你放弃之前，要尝试所有可能的其他方法，让你的身体保持年轻。

大多数人会在人生的某个阶段学会如何忽视慢性疼痛。如果你单纯是在发牢骚，教练让你“坚持住”就是一个好建议。但如果你受了伤，再让你坚持住就是一个糟糕的建议了。到了20多岁的时候，很多人都有慢性损伤——身体的某些部位仍然能够正常工作，但总是有点儿疼。随着时间的推移，这些低效率会导致身体其他部位功能失调，产生些微的压力，并浪费你的能量。

我也有慢性疼痛，这要归功于13年的足球生涯，那时我是一个肥胖又有炎症的青少年，三次手术后膝盖里仍放着一颗螺钉。考虑到我想活得更久的计划，这简直是不能接受的！我尝试过激光医疗、电刺激疗法、注射、脉冲电磁铁和其他只有在科幻小说里才有的技术来治疗这些损伤，并取得了很多成效。但它们都不如注射干细胞的效果好。这种疗法在过去几年变得越来越便宜，未来可能比大多数手术的成本更便宜。我打算在我漫长的余生中每6个月接受一次干细胞注射。

为了更多地了解这种尖端疗法，我找来了三位专家，第一位是马修·库克医生，他在加州洛斯加托斯经营着一家叫作BioReset Medical的诊所，治疗过许多美国职业棒球大联盟投手的肩伤。第二位是犹他州帕克城Docere Clinics诊所的哈里·阿德尔森医生，他是最早采用干细胞治疗的人，专门研究如何缓解脊柱疼痛。第三位是艾米·B. 基伦医生，她在帕克城的Docere Medical工作，擅长用干细胞进行整容手术。这三位医生都对我进行过治疗，当然我也采访了他们，想要了解他们是如何开发出这种绝无仅有的技术的。

我首先采访了哈里·阿德尔森医生。多年前，当干细胞疗法在美国无人知晓时，他就去委内瑞拉跟随卡洛斯·塞西利奥·布拉特医生学习这项技术了。布拉特是南美最著名的干细胞医生之一，他的实践启发了阿德尔森医生寻找经济又有效的“黄金比例”治疗方法，我也亲自尝试过这种疗法。

多年来，大多数人认为，使用干细胞治疗慢性疼痛和慢性损伤，甚至改善皮肤是只存在于科幻小说里的情节，是一种专为超富人群准备的治疗方法。更糟的是，这是一件有争议的事情。因为30年前，干细胞都来自胚胎。今天，使用自己身体里的干细胞已经是很普遍的疗法了，我相信随着时间的推移，它们只会越来越受欢迎。

人体自身有着很强的治愈能力，而干细胞疗法可以把这种能力进一步提高。目前，干细胞疗法已被用于恢复盲人的视力、治疗聋哑啮齿类动物的听力、修复结缔组织、治愈脊椎损伤，甚至恢复中风患者的认知功能。苏珊娜·萨默斯是美国最受欢迎、最受爱戴的人物之一，也是《纽约时报》的畅销书作家。她在采访中告诉我，她是美国第一例在做完部分乳房切除术后用自体干细胞重新培育出乳房的患者。

但是，干细胞疗法不仅可用于治疗疾病和损伤。逆转衰老的过程是指从压力和紧张中恢复过来，让你的身体重新变得年轻，而干细胞疗法可以通过让皮肤的胶原蛋白和弹性蛋白更丰富来减缓衰老。它也可以使你的关节更强壮，更柔韧。

这种疗法需要从你的身体的某个部位提取出干细胞，通常是从下背部或骨髓中提取脂肪，将它们与生长因子混合，然后注射到你身体的其他部位。阿德尔森医生从我的骨髓和脂肪中取出干细胞之后说我的骨髓非常黄（这是好事），然后他把这些骨髓注射到我的受伤部位。整个过程有些让人紧张——我被注射了几十针。不过，仅仅几天之内，我的疼痛程度就明显减轻了。直到这些疼痛消失的那一刻，我才意识到我曾经有多么痛苦！这个结果太令我高兴了，我决定再次去拜访阿德尔森医生，这一次我带上了我的妻子拉娜医生。手术后，我的妻子说她的一些老伤竟然完全消失了。

我还拜访了艾米·B. 基伦医生，她专注于干细胞相关的抗衰老疗法，尤其是与性健康有关的疗法。基伦医生将干细胞注入可能萎缩的地方，利用血小板中的生长因子再生身体的不同部位，比如皮肤、头发和性器官。

为什么要注射到最敏感的部位？基伦医生解释说，随着时间的推移，血管和阴茎中使男性勃起的细胞会老化，有些会死亡，从而导致勃起功能障碍。将新的细胞和生长因子注入阴茎海绵体（阴茎两侧产生勃起的小管），可以增加血液流量和神经反应。基伦医生的大多数病人都有一定程度的勃起功能障碍。虽然我没有，但我想尽我所能延长它的使用时间。而且，既然我已经提取了干细胞，不用也是浪费……

这种疗法对男性的副作用是会使器官的体型增大，尤其是当你用一个真空泵来促进血液流动时。正确的方法是每天使用它，并坚持一个月。我试了两次，但因为要花费的时间太久了，我还是觉得维持现状更好，不如把省下来的时间用来写书。

不过，既然我们讨论了那个方面的升级，那么就不得不提GAINSWave了，这是一种治疗阴茎的冲击波疗法。只需要15分钟的无创手术，就会对男性器官产生深远的影响。当我在西雅图的一家诊所尝试这种方法时，我像一个20岁的孩子一样经历了自发勃起。它通常用于治疗勃起功能障碍，但也有助于提高大多数男性的反应能力，针对女性的类似技术也正在研究中。

我的勇敢的妻子拉娜医生也去找了基伦医生，并接受了“高潮针”的注射。基伦医生将干细胞和生长因子注入女性的两个部位——阴蒂和位于G点正上方的阴道前上壁。这种疗法不但可以改善女性的阴道组织，还起到了很好的润滑作用，甚至提高了高潮强度。幸运的是，局部麻醉霜使这种疗法一点儿都不疼。

我知道拉娜不介意我把她在一周内经历的深刻变化分享出来。她恢复了活力，说她仿佛又回到了25岁（尽管对我来说，她已经非常漂亮且活力四射了）。在我看来，这段经历非常棒。拉娜说，她向所有的朋友和许多客户推荐了阴道干细胞疗法，希望帮助她们在分娩后恢复活力。

我的干细胞之旅的最后一站是马修·库克医生，他是BioReset

Medical诊所的联合创始人，在旧金山湾区利用包括干细胞在内的大量再生技术治疗了众多职业运动员和名人患者。库克医生在防弹电台录制了一段精彩的采访，在采访中，他解释了目前所有的干细胞疗法，以及他正在进行的一些开创性工作。

库克医生发现，我脖子上的肌肉对手臂上的神经造成了压力，这是许多棒球运动员都有的问题。因为库克医生治疗过华盛顿国民队的队员和许多其他运动员，所以他知道该怎么做。他使用了当年做麻醉师时发明的一种方法，通过在神经周围注射干细胞和液体来释放神经，并且取得了成功！很多医生都曾建议我切除一根肋骨，但这种治疗方法将导致终生的结构失衡和慢性疼痛。而库克医生仅用了一个小时就彻底解决了我的问题。

这个方法对很多人都有很大的价值，所以库克医生放弃了他在麻醉领域的事业，转而专注于再生医学。在再生医学领域，他开创了一种使用超微小干细胞的治疗方法，比如从血液中提取出干细胞。库克医生开发的另一项创新是用干细胞治疗创伤。治疗过程中，他会使用神经阻滞麻醉法，小心翼翼地将干细胞注入迷走神经旁，重置身体的应激反应。这个过程就像给计算机强制复位。它会关闭战斗或逃跑神经通路8个小时，当它重新启动时，你就会处于“休息和放松”模式。

如果你经历过高度紧张的事件，即使发生在孩提时代，你的某部分神经系统也很可能处于战斗或逃跑模式。这种应激反应的增强通常见于创伤后应激障碍患者。当我完成了重置后，我的复原力和认知功能都突飞猛进。库克医生还在我的鼻窦处注入了一些细胞，这样它们就能进入大脑底部，不到半个小时，我的视力明显改善了。我现在的视力很好，这是一个非常有效的方法。

我坚信（并希望）在不远的将来，干细胞疗法会被用来消除大多数退行性疾病，让人们永葆青春。随着成本的不断降低，它不仅会改变你我的生活，也会改变我们的孩子，乃至全人类。不管你接受不接受干细胞疗法，我强烈建议你一定要尽量去修复旧伤。只要你愿意，你的身体就会得到很好的修复，你也可以在这个世界上做你想做的事。今天，我们已有能力永葆青春，甚至逆转衰老带来的一些退化效应。世界上表现最好的人都在投资创新疗法，以延长他们的最佳状态，并避免可能降低他们表现的痛苦和折磨。

推荐练习

- 你现在能回忆起的最大的三起事故或受到的最严重的三次伤害是什么？
- 这些事故或伤害是否仍给你留下了疼痛，让你变得僵硬或活动不便？如果是这样的话，你一定要采取行动，让自己恢复到正常状态。
- 如果你身体的某个从未受伤的部位产生了慢性疼痛，那可能是未解决的情感创伤造成的。重温这本书中关于如何从创伤中康复的法则，以获得指导。

第三部分

幸福进阶篇

第 11 章　快乐从何处来

我从杰出人士的采访数据里发现的最引人深思的一个事实是：无论是成就非凡、富有的企业家，还是大学教授，没有一个人把金钱列在前三位。这说明，金钱不是驱动或激励这群成功人士的动力。虽然他们中的许多人积累了巨额财富，但财富只是他们追逐激情和开发思维的副产品。事实上，当你掌控住自己的本能，找到了持久的幸福，你就能释放大量的能量，你还可以利用这些能量变得更成功、更富有。

这是我花了很多年才学会的一点。当我还是孩子的时候，我的卧室里挂着一张海报，上面写着："生意是一场用钱记分的游戏。"现在，我做出了一些改变，因为我知道商业不是一场游戏，而是一种技能和艺术，你要通过你带来的影响来衡量自己的表现。你的团队依靠你的表现来维持生计、供养家人，你的客户相信你会兑现承诺，提供物超所值的服务。如果你以为生意是一场游戏，你就输了。

我在很长一段时间里都追逐金钱，但得到的金钱越多，我反而越不快乐。赚钱并没有让我快乐，因为钱没有这个功效。经过一番思考，我意识到我的基本需求已经得到了满足，我的生活也很好，所以只有帮助别人，才能让我感到快乐。当别人看着你的眼睛，真诚地感谢你让他们的生活变得更美好时，这种感受是无法用金钱来衡量的。随之而来的则是经济回报。那些比我还富有的人也不看重钱。他们明白幸福是财富的源泉，但钱是不能带来幸福的。当然，你也可以通过剥削别人或做你讨厌的事情来赚钱——很多钱。但是如果你已经衣食无忧，这样做就是不值得的。

法则 31　幸福有价

> 当基本需求得到满足后，你应该把精力集中在对你有重大意义的事情上。在基本的经济安全阈值之外赚更多的钱，并不会显著提高你的幸福或快乐水平。所以，挽起袖子，尽你所能去做对你有意义的事情吧！

如果这个世界上有谁知道什么能让你快乐，那个人一定是根波·罗希——禅宗学校的禅师。自从他45年前精神觉醒以来，他就一直致力于帮助他人认识自己的本性、深化自己的旅程。根波说，有一种可持续的幸福状态是不以任何事物为条件的。在这种状态下，幸福是你的根本。

有条件的幸福都依赖于外部因素，表现为“等我……的时候，我就会感到很幸福”。遇到对的人，我就会很开心，加薪升职也值得高兴。多年来，我一直在追求那种幸福。让我很惭愧的是，当我26岁赚到600万美元时，我曾经对一个朋友说：“要是我有1 000万美元就好了。”两年后，我几乎失去了所有，压力明显变大，但我的快乐（或者说不快乐）并没有改变。

当我们疲于追求金钱（有时被称为稀缺性思维定式）时，我们永远不会感受到真正的快乐，因为我们总是盯着那些我们没有的东西。这时候，幸福永远一步之遥。要获得持续的快乐，你必须对你的现状心满意足。根波说，你觉得赚够了钱后，就不再追求金钱，并非因为自己多么富有，只是觉得钱够用就行了。

当你停止追求金钱，开始接受当下的状态时，你将变得比以往任何时候都快乐，也有能力取得更大的成就。根波说，只有获得了精神和肉体上的双重自由，你才能获得持久的幸福。这意味着你得有足够的钱，钱能带给你一定程度的安全感，使你不用一直为财务问题担忧。当人的身体处于一种专注于生存的恐慌状态时，你很难快乐起来。

然而，这并非完全不可能。从商学院毕业后，我在柬埔寨待过一段时间，那里的人的平均收入大约是每天一美元，且饱受战争的创伤。人们经常会被地雷炸伤。虽然食物不够充足，但他们依然感到幸福，我也被他们眼中的快乐折服了。很多时候，他们比我还幸福。这些幸福可能来自他们的社区、家庭或者信仰，但绝不是金钱。我之前的经历让我觉得这样在废墟中的幸福和坚韧十分不可思议。

然而研究发现，在西方，人们相信只有达到某个收入标准才能获得幸福感。普林斯顿大学2010年的一项研究显示这个数字为年收入7.5万美元。研究表明，这个年薪数字划定了一个基准，达到基准的人更容易感到持续的快乐，并对自己的生活方向感到满意。[1]（实际数字可能比这个数字略高或略低，因为你所居住的地方的通货膨胀率可能会使这个数字有所上升，但你可以据此设定你的金融安全值。）并不是说没有达到这个门槛的人就不快乐，只是压力会比收入高的人大，更容易因为担心基本需求而疲惫不堪。但这项研究中最有趣的一点是，无论年薪收入在基准线之上的人赚了多少钱，他们的幸福水平都会在基本需求得到满足后趋于稳定。一些研究会把基线设得更高，但所有研究都表明，达到一定水平后，增加更多的收入并不会显著增加一个人的幸福感。

我访问过的嘉宾并非全都大富大贵，但他们都在各自的领域中取得了一定的成就，他们中的大多数从工作中获得的满足感要远远大于工作给他们带来的经济回报。有些人还谈到了一个大多数人从未达到却梦想着达到的目标：成为百万富翁。现在，美国大约有1 100万百万富翁（不包括比特币持有者）。如果你管理得当，这些钱足够确保你的基本生活需求得到满足。

与我交谈过的许多百万富翁都提到，达到这一目标能带来个人自由，但他们也警告说千万不要用这笔钱冒险投资。约翰·鲍恩是第一个告诉我这件事的，他是超级富豪的理财师。他说，如果你非常幸运，积累了一笔哪怕不是很多的储蓄（也被称为“失败资本”），记得永远不要把它置于风险之中。正在看这本书的你，可能是那种为了追求刺激而不惜一切代价的人。我也是，我认识的大多数企业家也是如此。正是这种本能让我失去了年轻时挣来的意外之财。当你对自己正在做的事情充满激情，并乐于承担风险时，你很容易就会孤注一掷。但我认识的那些很富有和成功的人认为，我们要与这种本能做斗争，用生命来守护你的积蓄。要是有人早点儿告诉我就好了！

我采访了禧贝品牌创始人兼首席执行官沙兹·维斯拉姆，她创办了一家婴儿有机食品公司，据报道这家公司后来以2.5亿美元的价格售出。这笔钱足够她退休后维持奢侈的生活。但她说，那笔钱并不能保证她从此高枕无忧，她只是不用再为钱而烦恼（除非她失去了这笔钱）。作为移民的后代，沙兹在亚拉巴马州一家汽车旅馆的房间里度过了她人生的前7年，所以再也不用担心钱对她来说是一件很了不起的事。她说，移民和移民子女永远忘不了饥饿的感觉，它已经烙在了他们的DNA里。

因为害怕失去拥有的一切，沙兹不惜一切代价守护着她的积蓄。她雄心勃勃，努力工作，相信自己可以闯出一片天地。她想找到将积蓄增加两倍、三倍甚至四倍的机会，但这往往会对原来的积蓄造成威胁。为了避免这种情况，她选择专注于快乐，而不是成功。一旦你尝到了成功的滋味，你就会欲罢不能。也许，你会拥有得越来越多，但这不是最终结果。沙兹建议你花点儿时间来提高你的专业水平，让它成为一种快乐的积累，而不仅仅是名声或金钱上的成功。

沙兹还认为在取得重大成功之后要善用你的非金融资产。她把时间、精力、创造力和能力投入到她看好的企业中去，帮助它们应对艰难的挑战，而不是冒着风险去购买股权。（很荣幸，我的公司也位列其中。）沙兹建议用纪律和其他人的支持来保护你的金融资产。明智地投资，并遵守规则。找一个靠谱的财务顾问，他一定要理解钱的本质，并能帮助你在投资和尝试新项目时留有一定的现金流。你也可能不需要现金流，这都没关系。你可能不知道应如何分配资产——即使是最普通的资产——因为你离它们太近了。

此外，她建议你不要总是沉迷于达成交易，因为交易带来的兴奋感、成就感或使命有时会影响你的判断。同样的道理也适用于股票期权交易，或者当你购买首次公开发行的热门股票时。如果你正在寻找刺激和冒险的活动，去其他地方尝试吧（比如尝试风筝冲浪），直到你已拥有你的“失败资本”，这是沙兹和我真心希望你会拥有的。

请记住，真正的成功是你从生活中获得快乐。金钱虽然可以帮你实现这一点，但它绝不是通往快乐的唯一途径，甚至不是主要途径。把金钱想象成一辆稍微好一点儿的车，它的行驶平稳，音响系统很好，体验很舒服，但任何一辆像样的车都能把你送到目的地。

巧合的是，我最喜欢的一个关于金钱力量的故事也与汽车有关。这个故事来自我的好朋友、传奇营销大师杰·亚伯拉罕。杰致力于研究和解决几乎所有类型的商业问题、挑战和机遇。每次遇到难题，我都会打电话给他。他有一种不可思议的能力，能够发现隐藏的资产、被忽视的机会和被低估的可能性。

杰从18岁时就开始工作，他同时打三份工，但总是没有安全感，或者觉得没意义。他觉得需要向别人证明自己的价值。他在26岁的时候就赚到3 500万美元。除非你思想成熟，根基扎实，并且专注于长远的改变，否则他不希望你也像他一样。对杰来说，他赚钱之后做的事导致他经历了三次中年危机。每次他都问："就这些了吗？"钱并没有让他快乐，换句话说，他仍然在追求快乐。

杰变得富有后，做的第一件事就是租了一辆他梦寐以求的顶级奔驰车。然后，他把车开到他以前打工时认识的一位同事的家，把那辆耀眼的新奔驰车停在了朋友家门口。他的朋友打开车门，看了看他，又看了看那辆又拉风又昂贵的奔驰车，说："真好笑，你看起来一点儿也没有变！"

杰说，他本应该从中吸取教训的，但出身寒微的他当时很渴望得到外界的肯定。所以，每当他感到有压力的时候，他就会去买一辆没有任何意义的豪车。可笑的是，这辆车只能为他带来一两个星期的快乐，过后他就会意志消沉，最终他意识到车给不了他所追求的安稳、自信、目标感、激情或安慰。然后，他就会把车贱卖掉。最后，他明白了一件事，对于大多数人来说，拥有豪车和其他炫酷的物什给他们带来的最大乐趣，就是当你从其他人身边飞驰而过时，给别人带来的刺激。

杰想尽一切办法让自己变得更快乐。他像往常一样去见了他的心理医生，但每当他感觉变好的时候，问诊时间就到了。所以，他延长了治疗时间，这种情况持续了一个星期。这花了他很多钱，但他获得了深刻的见解，他对生活和事业的看法也有了根本性改变。

心理医生告诉他，大多数企业家只注重结果，只想打造经济增长最快的公司、买最大的房子、拥有最多的藏品、与最漂亮的人结婚等。然而，如果你仅仅追求这些，你是不会感到开心的：天空不会放晴，天使不会歌唱，纯粹的幸福和快乐不会主动降临到你身上。实际上，你的问题、挑战和压力只会成倍增加。事业和生活中真正令人兴奋的是过程、互动和关系，以及你对他人的价值。这个教训简单而深刻：如果你的旅程本身是没有意义的，也不很愉快，那么那些你认为会使你成功的东西，实际上在给你制造麻烦。

想要成为有钱人不是错，但你不应将你的幸福和金钱挂钩。

推荐练习

- 当你的基本需求得到满足后，就不要再追求金钱了，因为钱不能给你带来快乐。你觉得你的年收入要达到多少才能满足你的需求？
- 假如你明天赚的钱是现在的两倍，你会做什么？
- 这是一个很好的暗示，它告诉你什么才能让你快乐。现在就开始行动起来吧！
- 如果你很幸运拥有了足够的积蓄，一定要用你的生命来保护它。请人帮助你管理它，并专注于利用你的非金融资产获得快乐，而不是钱。
- 关注旅程，而不是目的地。如果你在路上不开心，到达目的地时，你也不会开心。

法则 32　快乐能创造财富

> 快乐的人精力充沛、高效，容易获得成功。把注意力集中在让你快乐的事情上，因为快乐会让你做的每件事都迸发出新的潜力。幸福会让你更容易地改变你的环境、你的邻居，或者整个世界。

快乐的人比不快乐的人更成功。这么说似乎有点儿夸张，但确实是这样。具体来说，快乐的人比不快乐的人的平均生产力高31%，销售额高37%，创造力高两倍。[2]研究人员将这些差异归因于积极思考的力量。快乐的人的思维更积极，自信的想法肯定会带来更多的成功。

快乐不仅与个人成功有关，快乐的人还会为自己和员工赚更多的钱。盖洛普与健康之路的一项联合调查显示，生活满意度较低的员工每月在家休息的时间平均比快乐的同事多1.25天，这相当于每年少工作15天。[3]此外，盖洛普的研究人员发现，在员工生活满意度方面得分较高的零售店每平方英尺①的收入比其他商店高出21美元，共为整个连锁店增加了3 200万美元的额外收入。

也许没有人比维申·拉克雅礼更加了解幸福感与生产率之间的关系了。他的公司Mindvalley被卓越职场研究所评选为全球最佳工作场

① 1平方英尺≈0.09平方米。——编者注

所之一。维申称，快乐是一种燃料，它能帮助你快速达到你的目标。大多数人都忽视了这种燃料，因为他们觉得实现梦想后他们自然就会很快乐。他们压力很大，也不快乐，因为他们没有把快乐从自己的愿景中分离出来。他们在等待着目标的到来。正如根波所说，他们正在寻找愿景。但当你意识到你可以在旅途中找到幸福时，一切都会不一样。

维申在著作《非凡大脑的秘诀》中，介绍了他的“Blisscipline”概念，即幸福纪律。他设计了一个日常方法来提高你的幸福水平，将幸福转化为燃料，帮助你更快达到目标。这需要你改变设定目标的方式。维申说，我们的目标分为手段目标和终极目标。例如，获得大学学位、找一份工作、结婚、存款达到100万美元就属于手段目标。它们并不能真正反映你的幸福程度，因为它们都是实现其他目标的一种方式。获得大学学位后，你就可以做一些其他事情（例如，找一份工作和赚钱）。你想挣到100万美元，这样你就可以成为不同的人（别人尊敬的百万富翁）。你想要结婚，这样你就能感觉到一些不同的东西（比如联系和支持，而不是孤独或害怕）。

这些“不同”就是终极目标。这些目标通常都以情感为导向，比如环游世界，每天醒来时身边躺着我的至爱，或者体验抚养孩子的快乐（和沮丧）。维申创建他的公司时，他心中的终极目标是：“我想建立一家公司，学习如何建设一个团队，发展我的领导技能，并做一些与众不同的事。”这种专注给维申和他的团队带来了真正的快乐。

维申说终极目标可以分成三个不同的部分：你想要经历的事情，你想要成长的方式，以及你想要为这个世界做出的贡献或留下印记的方式。当你为自己设定切实可行的目标后，也要花时间考虑这些终极目标。

当你这样做的时候，你就不再把赚100万美元当成目标，尽管你最终可能会拥有它。因为维申说，专注于终极目标会带来创造性的产出，这将帮助你成功。而且当你这样计划的时候，你就可以避免许多百万富翁掉进的陷阱，他们把钱存在银行里，却憎恨他们的生活。这些人错在把注意力集中在手段目标上，而丢弃了终极目标。

维申修改了他的目标清单后，决定彻底放弃一家让他痛苦不已的公司。他亏本卖掉了这家公司的所有股票，感到解脱了，也感觉更快乐了。接下来，他决定创造一个节日——“好日子”（Awesomeness Fest，简称“A-Fest”）。当他有了这个想法后，虽然维申知道庆祝这个节日没有任何商业意义，但他觉得有必要这么做。这与他的终极目标是一致的。今天，“好日子”成为他最大的一笔财富。每年都有成千上万的人来到一个美丽的地方加入他的行列，向优秀的老师学习。这本不在他的计划内，但当他列出终极目标时，他找到了一条通往成功和幸福的道路。

推荐练习

- 通过问自己以下问题来设定你的新目标，再确定你的最终目标：
  - 我想体验什么？
  - 我想如何成长？
  - 我想为周围的世界做些什么？

法则33　少即是多

> 拥有一定的财产是必要和有意义的，但社会的熏染会让你认为物质享受可以带来快乐。事实刚好相反：只有当你挣脱那些没有真正价值的事情，专注于可以带来真正价值的东西时，你才会变得更加快乐和满足。

乔舒亚·菲尔茨·米尔本是一位极简主义者，他的播客、网站、书籍和纪录片深受欢迎，帮助2 000多万人把生活变得更简单。但是，几年前的他过着与现在截然不同的生活。他说，虽然当时的他在狭义上是成功的，但是他身材走样，体重超标，人际关系一团糟。虽然他事业有成，但他既没有从自己做的事情中体会到创造性，也没有激情。

乔舒亚觉得他没有进步，也没有对周围的世界做出贡献，而这恰恰是维申认为最重要的两个终极目标。相反，那时候的他关注的是所谓的成功和成就。在我们的文化中，成功意味着不断积累“成功的奖杯”：物质享受。他住在一所有多个卫生间和多台电视的大房子里。他有多辆豪华座驾，衣橱里都是昂贵的衣服，地下室里塞满了他认为能让他开心的东西。但他非但没有成就感，反而感到不满、焦虑和不知所措。他赚得多，花得更多，当他意识到这一点时，他的债务已经达到了6位数，他觉得自己被负债压得喘不过气来了。

在不到一个月的时间里，乔舒亚的母亲不幸去世，他的婚姻也戛然而止。这两件事使他开始重新审视自己的生活。一个偶然的机会，他接触了极简主义的概念。他问自己："少花点儿钱，我的生活会变得更好吗？"他的回答是肯定的，因为他会有更多时间关注和照顾自己，这对改善自己的健康状况十分有帮助。他把时间用来经营人际关系，或者做让他有激情的事。他意识到自己一直在用物质享受保护自己不受伤害和躲避风险。

乔舒亚做的第一件事就是审视他拥有的一切物品，并尽可能地做减法。他说，做完这些之后，他从已有的东西中发现了更多价值。如今，他有时会丢弃一些东西来看看它们是否能给他的生活增添价值，从而检验自己的选择是否正确。例如，他可能一个月不用手机或者家庭网络。当他再次把这些"奢侈品"带回到他的生活中时，他会重新审视这些物品，有意识地去使用它们。他看到它们一方面提高了自己的生活质量，另一方面也浪费了他宝贵的时间和精力。

这种极简的生活方式让乔舒亚得以腾出空间处理生活中最重要的事情，当然这些事情无关物质。如果你也想给自己的生活腾出空间，乔舒亚建议你可以从一个简单的目标开始，比如每天扔掉一件东西，坚持30天。最后，你扔掉的东西可能会超过30件，因为只要你打开你的橱柜和抽屉，你就会有想扔东西的冲动。

如果你想更进一步，可以试着增加一些责任感和良性竞争。你可以在月初与朋友或家人打个赌，赌注可以是一美元、一顿饭或者任何你想要的东西（尽量不是一个物品）。每个月第一天，你们都要扔掉一样东西。第二天，扔掉两件东西，以此类推。刚开始很简单，但到了月中就变得相当困难了。谁坚持得最久，谁就是赢家。如果你们都能坚持到月底，那么每个人会扔掉将近500件东西，这对于你们来说是双赢。

当你决定是保留还是扔掉一件东西时，问问自己是否真的需要它。它是必需品吗？它是能增加你的生活体验，还是能安抚或满足你的情感需求？

乔舒亚和维申都认为不应把“物质”看作终极目标。如果工作只是为了赚钱买东西，从长远来看你是不会感到满足的。很多时候，你会认为这些东西很重要，但当你像乔舒亚一样觉悟后，你就会发现这些东西并不能让你快乐。

但快乐就是终极目标吗？乔舒亚不这么认为。他认为，在我们的社会中，追求快乐存在一个问题，它会让我们去追求错误的东西，让我们把短暂的快乐误认为长久的幸福或满足。对他来说，关键是要过一种更有意义的生活，把你的短期行为（你的工作、你所做的贡献、和你相处的人）与你的长期价值结合起来。如果你能做到这一点，快乐就只是一个美好的副产品。

在与乔舒亚交谈之后，我找到了詹姆斯·阿尔图切尔——一位白手起家的百万富翁、创业者、畅销书作家。詹姆斯把极简主义提升到了一个新的高度：大约三年前，他放弃了几乎所有财产，决定过一种居无定所的游荡生活。

在我们交谈的大约一年前，詹姆斯外出旅行，他租的两套公寓的租约即将到期——一个在他工作的城市，另一个在他孩子居住的城市。因为身处异乡，詹姆斯托他的朋友前往两套公寓帮他把物品或卖掉、或保留、或捐赠、或扔掉。他不想回到那两间公寓，也不想去处理使他感到疲惫的物品。

在那之前，虽然他的生活并不算十分富足，但是积攒了非常多的物品。当朋友发给他100个装满垃圾的垃圾袋照片时，詹姆斯惊呆了。他决定不再租房子，不再买东西，而是四处旅行。为了体验其他生活方式以及改变自己的生活方式，他通过爱彼迎租了房子，从一个房子搬到另一个房子。

这种生活方式不仅让詹姆斯摆脱了公寓租赁的束缚，也让他不用花很多精力维护和更新房屋及其他物品。他把更多的时间用来做他真正想做的事情，而不是他必须要做的事情。

大多数人在第一次买房时就发现了潜在的“管理负担”。你很难想象你在修理、装饰和清洁上将花费多么大的精力。如果你把这些精力花在改善自己而不是改善你的家上呢？

詹姆斯随身带着两个包——一个包里有三套衣服，另一个包里装着一台电脑、一台平板电脑和 部电话。他当然也使用其他物品，但并不拥有它们。詹姆斯称其为“准入经济”，而不是共享经济。他办了一张健身房会员卡，可以使用里面的运动器材，他还有一张图书卡，可以读他想读的书。他只保留用来谋生和有益的物品。他宁可花10美元乘坐出租车，也不会花几万美元买一辆车。他宁可花300美元住在纽约市的一套公寓里，而不会花200万美元买一套房子。

詹姆斯说这不是极简主义，而是选择主义。他尽可能地少做困难的选择，这样他才能腾出更多精力去做他喜欢做的事。也不是总能做到，但是如果你懂得放弃，专注于你的最终目标，你就能更多地专注于你喜欢做的事情。

在我采访他的大约一年后，詹姆斯已不再过这种“游荡生活”，但他仍然过着极简主义生活。

推荐练习

- 在接下来的30天里每天至少扔掉一件东西。
- 清理物品时问自己一个问题：“它能给我的生活增添价值吗？”
- 通过丢掉那些你需要不断做出决定的东西，探索新的选择。

第12章　打造你的“关系网”

你有没有注意到，与朋友一起热烈讨论集思广益，比一个人孤军奋战更能激发新想法，和合适的人相处会让你对当前面临的困难有一个新的认识？还是你只注意到，在每周的扑克游戏、瑜伽课、欢乐时光中看到友善的面孔时，你是多么快乐。

如果你对上述任何一个例子深有感触，你就体会到了集体的力量。成功者也是如此：成为集体的一分子是他们的第二大建议。在我采访的创新者中，许多人都肯定了集体在提高绩效、促进成功和培养幸福感方面的力量。他们认为高质量的人际关系是高质量生活的基本要素。成功人士会把人际关系放在首位。

但并不是所有关系都是等效的。错误的选择可能会给你带来巨大的压力，让你的表现变差，或者让你感到沮丧，停滞不前。只有当你找到合适的朋友、关系和社区时，他们才会为你带来快乐、动力、安全感、洞察力和支持，并激发你做出改变。

我真希望有人在我的职业生涯早期就告诉我这个建议。我浪费了很多时间试图独自获得成功，而没有意识到关系的力量。事实上，没有人能独自改变游戏规则。你需要集体，而且是一个正确的集体。从现在开始，建立属于你的集体吧。

法则 34　朋友让你的表现更好

> “社交活动会对你的大脑的化学反应产生或好或坏的影响。一个强大的关系网不仅可以激励你前进，还能惠及你生活的各个方面。关系网可以带来幸福，幸福则会带来成功。”

最新研究表明，人际关系和集体不仅会给你带来信息或经验，还对神经有帮助。营造正确的人际关系有助于提升你的大脑机能。在我的成长过程中，我在社交方面有点儿笨拙，比较内向，所以我想了解更多有关社交活动对大脑认知的益处。于是，我联系了保罗·扎克医生。他是一名科学家、作家和公共演说家，他因为对催产素和人际关系的研究，收获了“爱心医生”的美名。目前，他致力于将神经科学应用于改善营销和消费者体验领域。他自称“神经经济学家”，一个很少有人使用的头衔。

我第一次见到扎克医生是在营销顾问乔恩·利维主持的“影响者晚宴”上。乔恩的晚宴吸引了媒体的广泛关注，因为他要求所有客人在用餐前不要透露自己的姓名或职业。扎克医生没有和我握手，而是拥抱了我，这是他跟每个人打招呼的方式，在那时也不觉得（很）奇怪。

几十年前，当扎克还在研究经济学和生物学，研究信任如何影响国际经济决策时，传奇的人类学家海伦·费舍尔向他提出了一个问题：“你听说过催产素吗？”这个问题改变了扎克的职业生涯。他意识到，自己发现了一种不仅可以影响个人行为和决策，还能影响国际政策的制定过程的生物机制。

当你与一个你信赖的人交往时，你的大脑会释放出激素信号，告诉你这段关系是安全的，可以维系下去，这种激素就是催产素。当你受到催产素的刺激时，你会愿意继续与他人互动，因为这会让你感觉良好。它与我们内在的恐惧系统背道而驰，这个系统总是警告你要小心提防，躲起来不要见陌生人。

了解催产素很重要，因为很多好事都来自与他人的互动。每个人一开始对其他人而言都是陌生人。相处时间久了可能会演变成朋友、合作者，甚至终身伴侣。你的身体对某个人产生的化学反应决定了你们之间的关系。

催产素还能增强同理心，同理心能让你感受到他人的痛苦，是所有人际关系的关键。当你对某个人产生同理心时，你就会对他更好，因为你能在情感上设身处地地为他着想。一项新研究表明，只有10%的同理心是与生俱来的，而剩下的90%都是后天习得的。[1]研究还表明，催产素与镜像神经元系统密切相关，[2]这很有道理。当看到别人做出和你一样的动作时，你的镜像神经元就会兴奋，就像你自己在做一样。

扎克进行过数百次实验，测量参与者组织和血液中的催产素水平，并通过注射催产素或喷鼻腔喷雾剂对其进行控制。他还观察到，催产素水平的升高会使人们变得更慷慨、更可信、更坚定。它还能帮助人们更好地理解社交暗示，一旦受到刺激，你的大脑产生的催产素会保持活跃约20分钟。在这段时间里，你和别人之间的距离缩小了。你的自我将退居幕后，你会看到你和其他人之间的更多共性，而不是分歧。

任何形式的人际交往都能提高你的催产素水平，只是效果各不相同。比如，面对面的交流能最大限度地激发催产素的释放。其次是视频会议，然后是打电话、发短信，最后是社交网站的帖子。事实上，由于年轻人倾向于依赖科技与朋友和同龄人交流，他们的同理心正在下降。[3]虽然我是一名技术人员，但我还是比较喜欢面对面的交流，你也应该如此。

催产素的另一个作用是可以减少你的压力反应，显著提高你的幸福感。社交互动是一种迅速获得催产素的非常简单的方式。扎克建议，当你感到压力、孤独或沮丧时，不妨尝试对你在乎的人说："今天我过得很糟糕，我需要你的关爱。"这是一个优先考虑你自己的幸福和健康关系的强大的方法。

我把这个建议运用在很多非常有益的方面。防弹咖啡的粉丝在我的在线论坛上互动时了解到了催产素的一些好处，于是我创建了实体咖啡馆，让他们有地方见面，建立社交圈，从而提高催产素水平。这也是我在圣莫尼卡创办防弹实验室的目的之一，在那里人们可以互相联系，同时提升他们的思想和身体健康水平。此外，我会优先与员工、朋友或其他企业家见面。我住在一个偏远小岛上的有机农场里，住在这里有很多优点，但缺点是我要坐飞机才能和我的团队以及我最喜欢的社交圈联系。如果我不花时间去与人接触，我的表现力和幸福指数都会下降。人际关系不是人生的可选项，而是必选项。

推荐练习

- 少握手，多拥抱。身体接触能刺激催产素的释放。
- 安排一次按摩来提高你的催产素水平。
- 尽量召开视频会议，而不是打电话。
- 如果条件允许的话，还是见面最好。

法则35 选择与正确的人相处

“

建立一张安全的人际关系网，以备不时之需，确保它们激发出你最好的一面，让你想得更深远，表现得更好。励志演说家吉米·罗恩曾经说过，你的水平等于和你在一起时间最长的5个人的平均水平。所以，你得谨慎地选择这些人。

”

前面我提到，畅销书作家兼健康专家维珍的爱子格兰特在一次肇事逃逸事故中受伤，生命一度垂危，但最后奇迹般地康复了。其实，维珍早在那之前就建立了一张强大的健康专家关系网，她经常组织会议和活动把他们聚集在一起。他们中的许多人都称赞维珍帮助他们实现了目标，取得了如今的成就。

然后，事故发生了。维珍的第一本书《维珍食谱》即将出版，她把所有的钱都投在了那本书上。不仅把从出版商那里得到的全部预付款都花在这本书的营销和宣传上，还把自己的积蓄也投了进去。维珍要支撑两个儿子的生活，所以这本书只许成功不许失败。她非常在意这本书传达的信息，也指望它来养活家人，现在她儿子的生命就完全靠它了。

当然，维珍在建立人际关系网时，并没有指望要靠他们来帮她出书。但是在格兰特住院期间，他们一个接一个地出现，从新书发布到对格兰特的护理，他们都慷慨相助。事故发生前，维珍和安妮·迈耶医生可以说并不熟。安妮是一名康复医生，供职于西达赛奈医疗中心的脑外伤部门。一个周五的晚上，她带着能唤醒格兰特感官的精油出现了。维珍的一个女性朋友则帮助她联系上了唐纳德·斯坦博士。斯坦博士几十年来一直专注于研究利用黄体酮治疗创伤性脑损伤的方法。另一位朋友则帮助她联系上了巴里·西尔斯博士，巴里·西尔斯博士在2006年就曾参与第一例用高剂量鱼油治疗创伤性脑损伤的案例（他也接受过防弹电台的采访）。维珍开始给格兰特使用孕酮霜和鱼油，幸运的是，格兰特很快就从昏迷中苏醒过来。

随着维珍的关系网在自己的网络内传播消息，维珍也开始收到陌生人的好意。比如素未谋面的一家人驱车三个小时来到医院，为格兰特祈祷。不久，为格兰特祈祷的人遍布世界各地。当维珍坐在他的床边时，她能感觉到来自世界各地的人对他的爱和治愈的能量。

这些干预措施对格兰特的康复产生了多大作用，恐怕没有人能说清。但维珍相信每个人的帮助都发挥了作用，都是有意义的，他们让她在生命中最艰难的时刻感受到关心。这对她来说意义非凡，如果她没有投入大量精力去建造一个深入且支持她的关系网，这一切都不会发生。在格兰特出事之前，维珍就经常拉着我陪她一起参加各种社交活动，因为她知道，与那些能激励自己前进、提高自己表现水平的人建立联系是非常有价值的。事实也确实如此，当我和更多成功者建立联系时，他们帮助他人（也包括我）的愿望变得极富感染力和启发性。

事实证明，快乐是可以传染的。一项对近 5 000 人的纵向研究发现，当快乐的人聚集在一起时，快乐的关系可以扩散到三层人际关系维度上（例如，朋友的朋友的朋友）。[4]这不是一个巧合，也不仅仅因为快乐的人群都相互吸引。研究人员据此得出结论，那些被快乐的人包围的人更有可能在未来变得快乐，而快乐的人更容易获得成功。

这会带来关系和幸福的积极反馈循环。快乐的人拥有更多、更优质的人际关系，这种人际关系会把他们的快乐蔓延至其他人，帮助他人变得更快乐。研究人员将前 10% 一直非常快乐的人与一直闷闷不乐的人进行比较后发现，快乐的人比不快乐的人更善于社交，拥有更强烈的浪漫情怀和更多其他社会关系。[5]成为集体中的一分子还能给予你安全感，让你的大脑平静下来。

我采纳了维珍的建议，花更多时间与其他成功者在一起，包括这本书中提到的许多人。在这个过程中，我从他们身上学到了很多东西，对我的生活产生了巨大的影响。托尼·罗宾斯就是其中之一，他教会了我哪些东西可以向他人学习，哪些需要你自己去学习。他说，我们可以从他人身上学习成功的科学和实现目标的方法。我们应该站在周围人的肩膀上前行，而不是闭门造车。但是你从别人那里是学不到“满足的艺术”的，即什么能让你满足。你得自己参透。这一点至关重要，因为正如托尼所说，体会不到成就感的成功等于失败。

托尼说，他经常接到情绪低落的身家上亿的企业家、政治家和奥斯卡奖新得主打来的电话。他们告诉托尼，他们无法向别人表达自己的真实感受，虽然他们已经达到了所有目标，功成名就，但仍然没有满足感，体会不到生活的意义。托尼说，解决这个问题的办法是把注意力集中在自己以外的事情上。这不仅需要把眼光放得更长远，还需要超越自我。本书提到的许多成功者都把自己的一生奉献给让世界变得更美好的事业，这是有原因的。当你不再思考自己想要什么，而是开始思考别人的需求时，成功自然就会到来。大多数人认为他们只能取得小的进步，但托尼建议把眼光放得长远一些。把你的注意力从赚一点点钱转移到以一种你真正关心的、比你自己更重要的方式创造成功上，这才是通向真正的满足和幸福的道路。

另一个帮助我把目标放得更长远的人是彼得·戴曼迪斯，他是X大奖基金会的创始人兼执行主席，被美国《财富》杂志评为世界上最伟大的50位领导者之一。我很感激彼得多年前在电话中告诉我，应该把自己想象得更加了不起。这个建议和我与彼得的友谊深刻地影响了我的生活的许多方面。

彼得建议你问自己几个问题：你最想成为哪类人的榜样？你想激励谁？这些人需要什么？这些问题可以帮助你确定你的目标。当你有了更清晰的目标时，你就可以问自己：你有哪些宏大而大胆的想法？彼得让我想出一个能让我兴奋的主意，让我忘掉自己不行的想法。

在彼得的激励下，我确定了我的宏大计划就是干扰工业食品的生产。因为我相信食物最重要的作用是让人变得更好，但是食品生产商却陷入了一个怪圈——制造廉价、让人上瘾的食物，让你感觉很糟糕。防弹咖啡是我干扰工业食品生产的一个开始。不过，彼得觉得我的想法还是不够疯狂。在那之前，我的目标只是想经营一家小型私人电子商务公司，这样我就可以直接把产品卖给别人，而不需要通过中间商了。但从更长远的角度考虑后，我发现我真正的目标是帮助更多的人变得更好，这是小规模的经营做不到的。在过去的几年里，防弹咖啡已经卖出1亿多杯。

但我不是说你只应该和志同道合的人交往。我很享受和JP. 西尔斯的一次有趣又让我大开眼界的对话。西尔斯是一位生活教练和喜剧演员，以讽刺素食主义、新时代信仰、无麸质食物，甚至是防弹饮食而闻名。西尔斯说他不喜欢和志趣相投的人相处，因为这对他的发展没有任何帮助。他喜欢和那些与他的想法不同但也接受他的想法的人相处。他说这话时，正穿着他妻子的豹纹紧身衣。

和志趣相投的人在一起，会让你感觉很舒服。当每个人都认同你时，你会有种安全感，但缺点是你也没有了挑战。只有当你试着去面对和你不同的东西时，你才有机会成长。西尔斯认为要从对立或不同的角度来理解分歧，而不要专注于分歧本身。和与你观点不同的人相处不是为了改变你的想法或说服别人改变他们的想法。相反，你应该在两者之间求得一种妥协，这就是理解和宽容。当然，同理心是其中很重要的一部分，这就是为什么我们要与和我们意见不一的人更好地相处，而不是在线上交流。面对面交流会导致催产素水平的提高，而这又会引发更多的同理心，进而导致建立更强的联系。

这个建议不仅适用于对外，也适用于内部的不和谐。很多人都试图避免自我矛盾，这本身就会让自己矛盾。但如果我们能接受自己的观点或情绪并不总是一致的，我们就能找到内心的平静和联系。西尔斯说，接受冲突可以带来内部和外部的和谐。当你不再与内心的冲突做斗争，而是不加评判地拥抱你所有的想法和感受时，你就会节省很多精力。

我们都喜欢安于现状，并不惜一切代价保护现状，这是我们保持安全的本能。但没有人会因为安全行事而取得成就。正如西尔斯所说，当我们陷入一个迷思，比如穿过黑暗森林、跳下悬崖时，我们并不知道我们会在什么地方着陆，什么时候着陆，是否应该着陆，但我们从中会发现兴奋和灵感。在西尔斯看来，美好生活的一个必要组成部分是不顾危险真正地生活，而不仅仅是生存。这个方法也能让你走出舒适区。在舒适区，你就像用自动驾驶仪行驶一样。你应该走出舒适区，拥抱神秘和未知。与那些挑战你，让你以意想不到，甚至是不舒服的方式成长的人交往。

说真的，如果你的身边总是围绕着像西尔斯这样出色又鼓舞人心（有趣）的人，你的生活将变得多么美好？选择和什么人共度时光非常重要。审视一下你的社交圈是由能激发出你最好一面的人还是拉低你水准的人组成的。永远不要害怕做出改变，也不要不敢建立新的联系。你周围的人决定了你的极限，并启发你超越自己的极限。

推荐练习

- 设定目标，心怀更长远的愿景。
- 问问自己，你想成为谁的英雄，这些人需要什么。这将帮助你确定你的“登月计划”。
- 积极主动地寻找那些挑战你的人，这些人让你从不同的角度思考问题，多花时间和他们相处。

法则36 没有人是一座孤岛

> 亲密关系能把你推向成功的高峰或失败的低谷。修复或结束一段糟糕的关系可以让你释放能量，去做最重要的事。去经营一段良好的人际关系，从而释放出比独处时更多的力量。如果墨守成规没有用，那就去寻求你的社交圈的帮助，这样你的人际关系就会更加稳固和持久。

不过，如果你已经结婚或正处于一段长期的关系中，情况可能就不一样了。很多研究表明，处于长期稳定关系中的人，不论年龄和性别，通常比那些没有长期稳定关系的人更幸福。[6]当然，很多单身人士也很快乐，但科学表明，处于恋爱关系中的人通常来说更快乐。从进化的角度来看，亲密关系支持你的三个本能中的两个。拥有一个稳定的伴侣会给你带来安全感和归属感，也能减少你的恐惧。至于第三个本能（繁衍），如果你的身体知道你有繁衍的可能，你的压力就会降低（即使你没有这样做的计划）。

更少的恐惧，更多的性爱，谁还能不快乐呢？事实上仍然有很多人不快乐。但当你处在一段不成功的关系中时，情况恰恰相反：你的幸福感和表现会直线下降。

婚姻并非唯一能带来幸福的关系。克里斯托弗·瑞安是《纽约时报》畅销书《黎明时分的性》的作者之一。在研究了灵长类动物学、人体解剖学、当代性心理研究和人类学的相关文献之后，他认为人类远古祖先的性观念更加平等和相互依赖。他们通过分享资源来降低风险，而不是像我们现在这样囤积私人财产。克里斯托弗提醒我们，我们并不是猿的后代，我们本身就是猿。我们生活在一个与我们的自然欲望冲突的、不愉快的人造环境中。

在了解到亲密关系对个人表现的深刻影响后，我找到了顶尖的关系专家之一埃丝特·佩瑞尔。埃丝特是一名心理治疗师，也是《纽约时报》的畅销书作家，她对现代人际关系有着独到的见解。她和克里斯托弗都认为人际关系实际上十分复杂。我们对构成一段关系的要素的看法总是在变化。

今天，人际关系的规则正在发生着变化。我们正面临着100年前不存在的挑战和机遇。当时，法律和宗教决定了我们的行为。至于未来如何，我们都一无所知。

埃丝特说，有趣的是任何类型的关系，即使是非传统的关系，在社交圈的支持下都能发展得更好。每当一种文化规范发生变化时，人们都会嗤之以鼻，并马上否定它。埃丝特提醒我们，美国的第一次异族通婚发生在天主教徒和新教徒之间，当时的人们就说这是根本行不通的。然后是犹太人和外邦人的婚姻，人们又说这行不通。然后，黑人和白人通婚了，人们仍然说这么做行不通。这些婚姻最初都困难重重，夫妻双方存在文化壁垒，缺乏社交圈的支持和资源，也不快乐。但随着人们观念的改变，这样的婚姻得到了越来越多人的支持，婚姻中的双方也更幸福。事实证明，如果得不到社交圈的支持，一段关系是无法完全消除其中的微妙的恐惧的。

埃丝特强调了社交圈对于维持每种关系的重要性。你需要寻找能激励你的夫妻榜样。当她问她的病人是否有这样的夫妻榜样时，大多数人都回答没有。然而，如果让他们说出仰慕的商界人士、创意人士、音乐家或艺术家，他们却滔滔不绝。你需要更用心地对待关系，就像对待生活和个人表现一样。去寻找能激励你的夫妻榜样，并努力获得他们的支持。你的人际关系越融入你的社交圈，它越能茁壮成长，并且有助于提升你的表现。

想有所作为的人也可以借鉴这个经验。努力处理好你的人际关系，并确保你拥有的人际关系与社交圈紧密相连。把时间和精力花在处理人际关系上并非自我放纵。快乐是必要的，因为快乐对你的成功至关重要。

推荐练习

- 问问你自己，你是否满意目前的关系。如果它让你感到痛苦，你的表现就会受到影响。要么修复它，要么把精力转向别处。
- 列出三对能激励你的伴侣。找不到吗？你可以从现在开始发现。

____

____

____

- 你所处的社会是否支持你目前或正在寻找的人际关系类型？如果不支持，就从寻找你的社交圈开始，把它作为一种开始或改善一段关系的策略。

第13章　冥想让你的大脑更清醒

在我采访的数百位成功人士中，许多人都和我分享了他们的冥想经历。没错，我的确有时会邀请一些冥想方面的专家做嘉宾，实际上，那些把冥想列为最重要建议的领导者大多不是冥想专家，而是在与冥想不相关的领域大放异彩的人，他们是一些你通常认为不会对冥想感兴趣的人。

如果你的年龄不到30岁，你可能不理解，为什么我对成功人士坦诚有冥想的习惯感到吃惊。你要知道在20年前，冥想的作用并不被重视：很少有人会承认自己从中获益，但许多成功人士确实如此。几年前，我在我的领英个人资料中列出了我的冥想经历。相信看到的人肯定会以为我疯了，但那毕竟是硅谷。那里的工程师们已经“走火入魔”，而硅谷所在的加州以盛产怪人和思考狂人著称。

有时在会议结束后，有人会走过来，小声地问我：“所以……你也练习冥想吗？悄悄告诉你，我也是。”人们往往把这当成一个秘密，因为怕说出来以后对自己不利。今天，对于硅谷几乎所有公司的高层来说，不冥想可能才会吃亏。

练习冥想是你朝着正确方向迈出的一大步，今天我们终于能够公开承认冥想的价值了。但在学习如何高效地冥想方面，我们还有很长的路要走。众多成功者把冥想列到给出的建议中，这说明了冥想的有效性。无论你选择哪种类型的冥想，持续的练习都能帮助你更好地意识到自己的无意识思维和冲动，而随着意识的增强，你的控制力也会增强。当你专注于当下，有意识地选择你对生活的反应，而不是再听任本能的操纵时，你就为成功做好了准备。换句话说，冥想创造意识，意识创造选择。

法则 37　静听心声

> “你的脑海中的批判的声音会让你退缩、痛苦、分心，甚至限制你的潜力。冥想可以帮助你区分哪些声音是分散你注意力的谎言，哪些声音对你有益。想要生活如意，你必须懂得分辨自己内心的声音。冥想能让你的幸福指数和表现得到巨大的飞跃。”

在第6章中，我分享了比尔·哈里斯的一个故事，他在2008年经济萧条之际经历了一场刻骨铭心的离婚。那段时间，他中断了冥想练习，等到有所察觉时，他已经收到6张超速罚单，还被吊销了驾照。

中断冥想练习和他被吊销驾照之间有什么关系呢？冥想有助于减轻身体对压力的化学反应。比尔说，冥想的原理是通过增强副交感神经系统的机能削弱交感神经系统的作用。副交感神经系统是休息和放松的来源，而交感神经系统会触发“战斗或逃跑”反应。冥想还被证明可以增强前额皮质，这是大脑中参与决策的部分。如果你经常冥想，当别人抢占你的车道时，你就不会感觉自己受到威胁，也不会想要马上逃离了。相反，你可以很好地控制你的压力，你的前额皮质也会介入，帮助你做出正确的决定。

那么应该如何练习冥想呢？比尔建议，开始冥想时，最重要的是放低期望，顺其自然。许多人面对生活的方式就是抗拒或逃避自己不喜欢的事情。所以当在冥想中出现那些被压抑的感觉时，他们就会感到不舒服。但是引起不适的并不是感觉本身，而是他们对这些感觉的抗拒。当你给自己足够的空间去感受和坦然接受所发生的一切时，你就不会感到不舒服，并且可以适当地处理这些感觉。

开始冥想时，试着暂时抽离自己的大脑，带着好奇心去观察自己的想法。大多数人没有意识到，接受刺激和产生感受之间存在一个时间差。当你受到某种刺激时，你认为它会马上让你产生某种感觉。事实上，你的大脑中有一个系统，它会从恐惧的角度来解读外界给你的信息，再把它转化为一种感觉。毕竟，线粒体的作用是让你注意到潜在的危险并提高警觉。但是，这样只会让你陷入恐惧和自动反应的恶性循环。恐惧会引起我们的注意，促使我们采取行动。比如，当你被堵在路上时，你的压力反应就会被激活，你会感到愤怒，向窗外大喊脏话。但是，当你阻断这个系统后，即使你的大脑提醒你正处于危险之中，你也能分辨出实际情况并非如此，然后你可以有意识地选择用愤怒或恐惧来回应，或者干脆忽略它，不做任何回应。

随着不断的积累和时间的推移，新的神经通路越发倾向于快乐、平静、平和、专注和创造性等正面情绪，而不是反应性、愤怒和抗拒性情绪。比尔说自己过去很容易生气、脾气暴躁、难以相处、郁郁寡欢。持续的冥想练习改变了他的内心世界，带他走上了一条完全不同的生活轨道。

维申·拉克雅礼同样认为冥想改变了他的生活。多年前，维申在微软担任工程师，工作十分努力。后来，他发现自己不喜欢编程，便毅然辞职。他花了几年时间寻找自己觉得有意义和具有满足感的事情。他开过几家公司，不过都以失败收场，还被辞退两次。那时候的他身无分文，只能睡在从伯克利学院一名大学生那里租来的沙发上。

那是在2001年，互联网泡沫破灭后，维申在一家科技公司做电话销售，负责给律师事务所推销产品，那是他当时唯一能找到的工作。他挨个给通信黄页上面的律所打电话，向他们推销公司的技术。因为没有底薪，如果没有人买他的东西，他就得不到一分钱。

绝望之际，维申决定在谷歌上搜索摆脱困境的方法。结果告诉他可以去上一堂冥想课。教课的老师是一名医药销售代表，她说学习和应用冥想技巧帮助她提高了业绩。维申也试着把冥想课上学到的技巧运用到工作中。从黄页上选择名字之前，他会先深思一会儿，然后他不再像以前那样随机打给一个律师，而是闭上眼，手指随意在名单上划动。然后，他睁开眼，打给手指指向的那个名字。

是的，这听起来很奇怪。维申自己也解释不清楚。但不到一周的时间，他的业绩就增加了一倍，仿佛他冥冥之中都打给了更有购买意向的律师。事实上，他脑海里的声音向他发出了一个随意的信号，并帮助他根据每个人的语言来调整自己的音调。他决定继续做冥想练习。在打电话之前，他先建立一个意识，就是只有符合双方最大利益时，交易才会顺利进行。然后，他将心比心，想象着自己与律师将会进行一场友好的对话，在这段对话中，他了解了对方的需要，并对他们感同身受。

他的业绩再一次加倍，还在4个月内连升4级成为销售总监，26岁时，他帮助公司在纽约开设了办事处。他从此开始热衷于冥想。他知道冥想带给他的好处，愿意与他人分享这些知识，于是他创办了Mindvalley公司。

如果你不相信维申的故事，没关系，我认识很多对冥想持怀疑态度的风险投资家，他们都认为自己在做投资决策时都是凭借“直觉”。不相信和冥想本身并不矛盾，问问丹·哈里斯就知道了。他是一位获得过艾美奖的记者，自称是一名怀疑论者。和维申一样，他也愿意分享他的冥想经历。他认为，冥想将成为一场以身心健康为核心的公共健康革命的前沿，这场革命将会解决诸如欺凌、教育、养育子女、婚姻、政治以及生活等方面的问题。

早在丹成为防弹电台的嘉宾和作家之前，他曾经是ABC（美国广播公司）晚间新闻的一名记者。有一次他对我进行采访，采访结束后，我们在后院一起练习冥想。我能看出他当时对冥想持怀疑态度，但他以前进行过冥想练习，而且愿意全身心投入。

当丹更认真地练习冥想时，他开始意识到，自己之所以做一些不想做的事情，是因为他没有意识内心的恐惧，并且让这些想法占据了主导地位。对他来说，冥想就像一架内置的望远镜，能让他看到自己的思想活动，从而不再受它控制。虽然冥想还有其他益处，但对于初学者或持怀疑态度的人来说，这是一个最直接的好处。它并不复杂，也不神秘。它不涉及任何信仰，也不需要你加入一个团体、穿特定的服装，或摆出一个有趣的姿势。虽然冥想很简单，但你仍然需要学习和实践。

丹认为，清晰、大声、广泛地宣传冥想，让冥想被更多人接受是他的使命。冥想或正念能帮助人们区分哪些是有帮助的痛苦、哪些是无用的沉思。当你想有所作为时，你的大脑可能会感到不安和痛苦，或有些担忧，它会做出筹划、计划，给出一些策略，甚至它会有些恐惧。但当你不断把已经出现的问题小题大做时，把每一种最坏的情况都仔细考虑后，冥想会使你停下来问自己："这有用吗？"这是冥想在行动中起到的一个最重要的作用。

采访丹时，他的儿子才一岁半，正处在抗拒刷牙的阶段。面对这种情况，丹脑中想到的是：他的儿子再也不会刷牙了，他的牙齿都会变黑，会永远找不到工作，生活也因此毁了。多年来，丹的大脑一直在给他灌输这样的想法，但冥想能够让他去察觉这些想法。然后，他可以在感到沮丧和做出消极反应之前摆脱这些想法。这正是比尔所说的触发和做出反应之间的时间差，在我看来，这是冥想的最大好处之一。

丹想告诉所有人，思维是可以训练的。任何人只要愿意都可以练习。虽然你不能让你不喜欢的事情消失，但随着时间的推移，你可以变得更好，更有耐心，对自己和他人也更温柔。如果这都不算成功，我不知道什么算成功。

推荐练习

- 参加一个冥想培训班！
- 在第一个月，每天至少冥想5分钟，时间越久越好。养成习惯，你就会自然而然地找到适合你的方式和时长。

法则38　用呼吸保持专注

> 呼吸控制着你的大脑和心脏，因为缺氧比任何事情都能更快地引起身体的注意。巧用呼吸方法，就可以让你的身体在紧张的情况下保持冷静，从而更好地利用氧气。当你的身体不再紧张并获得更多氧气时，你就会有更多的能量。无意识的呼吸会降低你对世界的影响，而我们的使命就是改变世界。

维姆·霍夫是20项抵御极端温度的吉尼斯世界纪录保持者，他曾经只穿着短裤和鞋子登上珠穆朗玛峰和乞力马扎罗山。“冰人”是维姆最广为人知的称号，你可能在电视上看过他不穿潜水衣在冰川中游泳。他发明了一种呼吸技巧，可以迅速给细胞补充氧气，让细胞更有效地利用氧气。这种呼吸技巧其实就是一种冥想技巧，之所以有效是因为它教会了身体在正常情况下不要感到压力。

第一次见到维姆时，他也参加了防弹生物会议，我邀请他上台参与。他怂恿我一边练习他的呼吸技巧，一边在3 000人面前做俯卧撑。我累坏了，但他还是继续怂恿我。当我摇摇晃晃地站起来时，我问自己：“这家伙到底是一个怎样的人？”事实证明，维姆确实活得无所畏惧。在我们的采访中，你可以感受到他对工作的热情。

维姆说，我们已经失去了在最基本层面上与身体联系的能力，失去了利用氧气改变组织深处化学物质的能力。典型的西方饮食和生活方式会恶化这种影响，并为疾病埋下了种子。饮用受污染的水或食用加工食品需要身体消耗大量能量来排毒，这无疑对细胞产生了压力。对抗压力的一种方法是用呼吸来帮助恢复平衡。维姆的深呼吸技巧不仅能帮助他抵御寒冷，还能让他控制自己体内的化学物质，使他能够清理组织，创造更多的细胞能量。

他的呼吸技巧由三个要素组成：深呼吸、处在寒冷的环境中以及思维定式。第一个实验小组由18个没有御寒经验的人组成。经过4天的训练，他们能够在零摄氏度以下的冬天穿着短裤在户外待5个小时。

这种方法之所以有效是因为它优化了你的血管系统，使你的身体能够更有效地将氧气分配到细胞和血液中，从而降低休息时的心率，减轻身体的压力。呼吸速率直接影响你的心率，处在寒冷的环境中会减缓交感神经系统（战斗或逃跑反应）的激活时间。换句话说，在寒冷的天气里深呼吸可以保持心率平缓，减轻身体的压力。维姆说，这样做可以把身体从压力和焦虑的模式调节到放松模式，然后身体就可以用节省的能量来自愈。

维姆建议应该循序渐进。洗完热水澡后用冷水冲30秒，每周一次，然后逐渐增加时长。练习时需要坐下来，身体放松，闭上眼睛，确保你的肺部可以自由扩张。维姆建议在起床后空腹时马上做这个练习。先深吸气，在你感觉到轻微的压力后屏住呼吸，随之呼气，尽可能地呼出空气，坚持的时间越长越好。重复15次。

接下来，用鼻子吸气，用嘴呼气，就像吹气球一样。呼气时收腹，吸气时放松。匀速做大约30次，直到你感觉你的身体充满了氧气。你可能会感到头晕目眩，或者感到身体有刺痛，或者体验到一股如同电一般的能量。感受你身体的哪些部位充满了能量，哪些部位缺少能量，以及它们中间的障碍在哪里。当你继续呼吸时，把呼吸传送到那些缺少能量的部位。

如果寒冷的环境不适合你，还有很多其他方法可以帮助你从呼吸练习中获益。我找到了Ziva冥想的创始人艾米丽·弗莱彻，向她学习专为忙碌而活跃的人设计的冥想方法。艾米丽在印度的里希凯什开始了她的冥想训练，在她作为百老汇演员的10年职业生涯中，她感受到了冥想给她的身心带来的益处，并受此启发成为一名冥想老师。

我问艾米丽，她觉得哪种呼吸技巧给她的学生带来的益处最深刻，她告诉我可以用“平衡呼吸法”来平衡左脑和右脑。艾米丽说，一个区分左右脑的方法是，左脑负责过去、未来、分析性批判思维，以及所有已经占据我们现代生活的不健康的活动，这也是我们很难专注于当下，甚至很难进入心流状态的一个原因。右脑控制着创造力和解决问题的能力、当前意识和直觉，且右脑正在萎缩。你可以在清醒状态下练习平衡呼吸法来纠正左右脑之间的不平衡。

艾米丽说冥想的好处之一是它能使我们的胼胝体变厚，胼胝体是连接大脑左右半球的白色束带。无论你周围发生了什么，胼胝体都能很好地连接你的左右脑。所以，即使你的老板对你大吼大叫、你被堵在路上，或者你和配偶争吵，你也能更好地找到有创造性的解决方案，专注于当下，而不是被恐惧或愤怒支配做出错误的反应。顺便说一句，平均而言，女性天生胼胝体比男性更厚。

练习平衡呼吸法时，要用到右手的拇指和无名指。用拇指轻按你的右鼻孔，用你的左鼻孔呼气，然后用左鼻孔完全吸气，用无名指关闭左鼻孔。放松拇指，用右鼻孔呼气，然后用右鼻孔完全吸气。重复这个动作，直到回到开始时的状态，也就是从左鼻孔呼气。

艾米丽说，如果你觉得累了，需要一点儿能量来集中注意力，就可以加快练习的速度。如果你感到兴奋或紧张，需要放松，就放慢练习的速度。这也是放松自己进入冥想的好方法。当你进入冥想时，你的身体才可以真正地放松。

艾米丽解释说，很多冥想老师和瑜伽老师把呼吸作为开启一次练习的方法，是因为我们的呼吸和思维是我们可以控制的两种功能，而且它们都是自主产生的。我们每时每刻都在不自觉地呼吸，然而我们也可以进入冥想状态，放慢或加速呼吸，或者用不同的鼻孔进行呼吸。思维也可以这样练习。

当你不自觉地思考时，正如呼吸不自觉地发生。我们永远不会让大脑停止思考——这不是冥想的目的。但我们可以进入冥想状态，在一定程度上干预它。练习冥想越多，我们就越能摆脱左脑批判的声音，接纳我们内心那个平静、微小的声音。当你开始冥想时，你的右脑就像在“健身房”。它并没有清理你的大脑，但它确实使批评的声音变得更小，让你听到直觉发出的微小的声音。你越是培养和倾听引导你的温柔的声音，它就会变得越响亮。

推荐练习

- 早上洗30秒或更长时间的冷水澡。让水打到你的脸和胸部，可以获得最大的好处。
- 每天练习几分钟的“平衡呼吸法”，最好是在冥想之前。

法则 39　提高冥想效果

“

冥想并不会花费你多余的时间和精力，却能带给你更高的表现水平和幸福感。你可以通过减少冥想的时间和增加你的收益来获得更好的回报。掌握冥想的入门技巧后，就可以进入更高层次的冥想了。

”

我练习冥想已经有20年了。那时候，我和其他人一起冥想，尝试了各种方式。在这一过程中，我发现很多人虽然花了很多时间，但收获并不多。就像有很多人一直在锻炼，得到的回报却和付出不匹配一样。时间和精力是你最宝贵的资产。为什么你要多花时间来获得能量呢？成功者总是能成为优秀的冥想者。如果长时间的冥想能给你带来个人或精神上的满足，那就去做吧！但是，如果你想提高你的投资回报率，不妨利用一些能帮助你提高效率的工具。

我刚成为一名工程师时，一位同事邀请我和他一起去跟一位印度大师学习呼吸的技巧，我拒绝了。我觉得一群人坐在一个房间里练习呼吸很奇怪。几年后，当冥想成为一种能提高表现的方法时，我才对它产生了兴趣。

在加利福尼亚州萨拉托加市的一座豪宅里，我参加了一个为高管举办的“生活的艺术”周末研讨会。这个活动彻底改变了我在接下来5年里的生活，我开始每个早上都进行呼吸练习。每个星期六，我都会在黎明时分醒来，驱车45分钟，与几位技术高管一起做呼吸练习。他们的年薪加起来有10亿美元。我领略到了呼吸的力量，了解到它的魅力，这种方法可以带来革命性的改变。我的表现变得更好，更有效率，对周围的人也更加友善。我的人际关系和我生活中的其他方面都得到了改善。

那个房子里的高管们之所以愿意花时间聚在一起，是因为他们觉得这是值得的。不仅仅是呼吸练习有效，它也让我们从中获得了一种集体的感觉。其中一名高管告诉我："我坚持这么做是因为这就像每周洗一次精神澡。"那些成功的人总是以各种方式为自己赢得有利的地位，我希望你们也这么做。

很多人只练习冥想几周后就放弃了，他们看不到效果，因为他们做的练习是无效的，或者他们的自我意识过强。另一些人坚持了下来，但多年来几乎没有进步。冥想看起来很简单，所以有些人不愿意聘请教练，但实际上它还是有些复杂的。如果没有教练指导你，你很难知道什么时候会进入正确的状态，这实际上会削弱效果。而且，由于最近冥想很流行，在网上很容易找到很多低质量的信息，这些信息可能会误导你。

为了改进我的练习，我找到了本章采访嘉宾——比尔·哈里斯、艾米丽·弗莱彻、丹·哈里斯、维申·拉克雅礼和维姆·霍夫，他们都使用了高质量的工具和技巧教授冥想。我还聘请了最前沿的专家，将我的冥想练习提升到一个新的水平，让我在更短的时间内获得更大的益处。最终我在西雅图开设了自己的神经反馈公司，以使我和许多成功人士可以更高效地冥想。

心率变异性（HRV）训练是冥想的一项基本技术。我们在第10章中讨论过，HRV可以用来评估压力反应，它与你的心脏每分钟跳动的次数无关。通过测量心跳的间隔，并互相进行比较，就可以得到HRV。当你处于战斗或逃跑状态时，你的HRV会变得很平稳，心跳的间隔也会变得一致。当你处于平静的心流状态时，心率可能会上升或下降，但心率变异性会显著增加。两次心跳的间隔将与稍后的两次心跳的间隔大不相同。你的HRV会影响一切，比如脑电波、心血管健康，甚至是你周围的人。

多年来，美国心脏数理研究所一直在研究HRV，它开发了一种技术，可以帮助你了解高HRV是什么感觉，并教你如何把自己置于这种状态。它可以测量你的心率，当你呼吸时，你会得到一个信号（绿色代表高HRV，红色代表低HRV）。几年前，我就已经熟练使用它，并发现它非常有效，于是我开始与我培训过的高管一起使用。

我辅导的一位客户是一位身家数十亿美元的对冲基金经理，他长期处于战斗或逃跑状态，却毫不知情。我向他推荐了HRV训练，以及饮食、睡眠、冥想等其他方法。起初，他对HRV有抵触情绪，但经过6周的练习，他感到自己能够随心所欲地改变压力水平，这是一种巨大的改变。他决定测量一下他工作时的心率。他早早地来到自己的交易控制台，夹上传感器，然后开盘铃声响了。他一整天都处于红色的“压力区”。但只过了6周，他就能够在交易大厅里平静地操作了。在工作中进入一种放松、专注的状态，让他能够做出更好的决定，成为一名更成功的交易员，并在一天结束时不会筋疲力尽。如果你一天到晚都在不知不觉中浪费了神经系统的能量，那你一定会感觉疲倦。

你也可以在冥想练习中加入一些能改变你大脑状态的元素。比如通过声音，声音的振动频率会影响你的精神状态。Holosync（共振音乐）是比尔·哈里斯公司研发的一个可以在冥想时播放的音频系统。你也可以使用特定的“咒语”来激活你想要达到的状态。此外，光也会影响冥想的体验。声光护目镜可以在你闭眼时闪烁灯光，帮助你更快地达到不同的大脑状态。

就像HRV训练一样，一旦你熟悉了用一些技术辅助冥想的感觉，你就知道独自冥想时应达到怎样的状态。有几次，我在飞机上戴着眼罩，眼罩边缘透出了闪烁的灯光。虽然我看不见其他人，但我敢肯定，当我在3万英尺的高空控制自己的大脑时，一定收到了很多奇怪的目光。到目前为止，还没有人因为这件事把我赶下飞机，但我知道，在我们聊过这件事之后，一些空乘人员也像我一样戴上了声光护目镜。尽你所能控制你的思想，不要担心别人怎么想。

光的颜色也会影响你的大脑状态。我使用的是可以诱导深度睡眠的专利产品——TrueDark眼镜。事实证明，戴上它后，即使我不打算睡觉，我的大脑也会迅速进入平静放松的脑电波状态。当然，我也可以通过冥想达到这种状态，如果我能同时回复邮件，那就太棒了。

最后一个也是最重要的冥想技巧是把电极贴在头上，以便追踪你的脑电波。50年来，科学家一直在监测脑电波，他们总是观察神经功能失调的大脑。但我们现在知道高级冥想者的脑电波是什么样的，以及如何训练这样的大脑。

1997年，我购买了第一台脑电图仪，并对其进行了升级——我的大脑也得到了升级。在尝试了各种冥想方式后，我发现电脑给出的反馈是最及时的。因此，我在西雅图创建了一个名为“禅修40年”的神经科学机构，培训成功人士达到更高的水平。我们开发了硬件和软件，把多年的冥想积累压缩到5天的课程中，希望达到给大脑升级的目标，让练习者可以展现出和那些冥想了几十年的人一样的大脑状态。这种冥想十分不可思议，许多研究表明，神经反馈可以提高你的智商。[1]“禅修40年”的目标是让冥想变得触手可及，把平均智商提高15分。

在过去的几年里，我一直在测量成功人士的脑电波。现在，我们着手用机器学习来分析它们，这样我们就能理解那些正在改变世界的人的大脑模式，然后学习如何达到这种状态。下一步是让这种技术以一种安全有效的方式在学校、办公室和家庭中使用。希望当你读到这本书的时候，你已经能够在世界上的某个地方使用终极冥想的技巧，编辑你头脑中的声音，并朝着更好的表现和更强的自我意识快速而有效地前进。

推荐练习

- 报名参加冥想课程，这并不难。
- 测量或训练你的心率变异性。我曾在美国心脏数理研究所用Oura智能戒指来监测睡觉时的心率。
- 尝试其他冥想技巧，比如使用声光护目镜、比尔·哈里斯的音频或TrueDark眼镜。做任何需要做的事。独自练习冥想很有用，但运用合适的辅助手段会帮助你更高效地冥想。

第 14 章　在阳光下尽情玩耍吧

我没有想到，像弄脏衣服这种事会成为杰出人士给我的前20个建议之一。大约在10年前，为了能有更多的户外活动时间，我再次离开硅谷的科技世界，搬到温哥华岛的森林里。经验告诉我，我能给孩子们的最好礼物就是让他们在大自然中长大。这种生活方式极大地提升了我的情绪和认知能力，事实证明，我并不孤单。大自然可以滋养你的大脑和肠道，帮助细胞创造更多的能量。无论你住在哪里，都可以找到时间和地点去做一些非常基础的事情。这很重要，但很多人会忽视它。它也能帮助你在室内表现得更好。

法则40　原生态的环境更有益

> 大多数人都生活在一个被驯化的环境中，虽然这让生存变得很容易，但你将缺乏提升水平的能量。你应该花多点儿时间去户外看看树、闻闻植物的清香、品尝真正的食物、在阳光下流汗、在寒冷时颤抖。让你的神经系统感受它曾经所处的环境，这样你就可以从生理变化中获得回报，提高各方面的表现。

丹尼尔·维塔利斯热爱人类的野性，这体现在自由、独立和未被驯化的人类生活中。他的研究横跨人类动物学和个人发展这两个领域。换句话说，他专注于研究我们如何利用祖先的智慧和自然环境，在当今世界重拾我们的野性。20年来，他一直致力于如何模仿早期的人类生活，以帮助人们发现自己野性的一面。虽然他做的一些事情有点儿疯狂，但他的做法激励了很多人，让他们以相同的方式提高自己的表现。

几千年来，人类不仅驯养动物、种植植物，而且驯养人类自己。在这个过程中，我们改造了许多野生生物。比如，我们吃的长叶莴苣是野莴苣的家养品种，我们养的狗是狼的驯化品种。丹尼尔说，今天的人类实际上不是智人，而是一个被驯化的亚种。也许有点儿夸张，但他成功引起了你的注意。

驯化是如何改变我们的？丹尼尔说，与我们的野外祖先相比，我们的身体不够强壮，也没有那么优雅，我们长得更瘦小。这意味着除了现在的人类之外，还有一种“野生”的人类，即生活在世界各地的孤立地区的原住民。丹尼尔说，这些原住民比我们更健康、更强壮。但是，原住民的数量已经不多了。丹尼尔认为，我们正处在人类历史上一个关键时期，那就是野生人类即将灭绝。他说，一旦这种情况发生，基因库将不再起作用。所以，我们必须重新唤醒我们DNA中仍然存在的野性，而每天的练习将帮助你点燃野性的火焰。

完成这个回归自然的过程需要你审视自己的生活方式，问问自己如何恢复人类那些原始自然的部分。丹尼尔说，假设我们把一只黑猩猩从丛林里带回北美，你希望它健康长久地活着吗？如果是这样的话，你应该给黑猩猩提供一个尽可能接近其生长环境的栖息地，而不是把它关在公寓里，把遥控器递给它，喂它吃加工食品。但这正是我们自己会做的，所以丹尼尔认为我们正在阻止人类的进化，并破坏我们传给后代的DNA。他认为，人类基因密码的退化与癌症、心脏病、糖尿病、蛀牙、骨质疏松等现代疾病的增加有直接联系。这可真让人烦躁。

丹尼尔说，我们生活在一个工厂化的人类农场，而农场的目的不是促进动物的健康、幸福和长寿，而是不惜一切代价达到最大的生产力，在短时间内结束动物的生命。我们一出生就被囚禁起来。我们受到创伤，被灌输思想，被洗脑。然后，我们不停地生产产品、提供服务和纳税，直到我们死去。这是一座人类的农场。虽然这也是对我们生活的一种黑暗的描述，且它忽略了文明的好处，但当谈到如何提升人类的表现时，它确实为我们提供了一些有用的见解。

丹尼尔认为，我们可以把生活的环境变成一个人类动物园，一个提升动物的健康、展示其野生行为、保护其基因、使动物可以活得更久的地方。你必须建立一个栖息地，提供野生食物，一切都要模仿野生环境。改变你周围的环境，完全掌控自己的生物系统。丹尼尔认为你并不需要完全脱离并系群，或者生活在森林里。相反，问问你自己：如果你带一个原始人回家，你会准备什么？你会给他吃什么？你会安排怎样的活动？然后考虑如何改变你现在的生活环境，使它更像一个动物园，而不是农场。

当然，丹尼尔遭受到很多批评。他认为，这是因为在一个“文明”的社会里，野性是一种禁忌。为了维护我们的文明，我们让自己认为野性中有某些可怕、无组织的一面，并且相信这部分一旦触及文明社会，就会侵蚀我们的所有进步，我们也将再次变得野蛮。

野性不仅是正常的，而且是健康的。我们看到，远离自然可能会摧毁人类的健康，比如坐得太久、没有从植物和健康的动物中获得足够的营养、新石器时代初期繁重的农业劳动。野生环境更有利于我们的健康。以前，人类生活在野外，他们可以不断获得新鲜的空气，而不用面对诸如灰尘、空调制冷释放到空气的氯氟化碳、工厂生产的地毯和家具散发的毒素。

虽然我们不可能完全恢复野性，但丹尼尔等人建议如果能做到几点，就可以帮助我们唤醒基因中的野性，这些建议和本书列出的建议一样，包括减少体内有毒物质，改善饮食质量，多接触新鲜空气、阳光、土壤和干净的水。当你走出去，让自己沉浸在一个自然的环境中，改变你的内部环境时，你就让自己变得更自然，就是在回归自然。

推荐练习

- 买一些室内植物（一定要购买没有用杀虫剂的有机植物，并控制土壤中的霉菌生长）。
- 每次旅行都去大自然中远足。
- 列出三种让你的环境更像动物园而不是农场的方法：

____

____

____

法则 41　在阳光下沐浴

> “阳光是一种营养物质。就像吃太多食物会脱发一样，长时间晒太阳也有致癌的风险。照垃圾光就像吃垃圾食品一样，是不可取的。每天把皮肤暴露在真实、未经过滤的阳光下，让它照射你的眼睛至少20分钟，就可以提高你的表现，延年益寿，还可以改善你的睡眠质量，起到抗抑郁的作用，并给你更多的能量。阳光是生活的必需品。”

前面提到，杰拉尔德·波拉克博士奇迹般地发现了水的第四相，它既不是液体、气体，也不是固体，而是一种叫作EZ水的凝胶状态。这是一种存在于我们细胞中的水，线粒体（细胞中的“发电厂”）需要靠它来产生能量。最近，科学家发现了一种被称为“微管”的神秘细胞结构，它可以帮助构建新的线粒体并使之在神经元中移动。[1]事实证明，EZ水对人体细胞中微管的运动至关重要。有几种方法可以产生更多的EZ水。喝鲜榨蔬菜汁、新鲜泉水或冰川融水就可以得到EZ水，正常的水被振动或混合后也会形成EZ水。波拉克博士的最新研究表明，将乳脂掺入水中同样可以形成EZ水。更妙的是，把皮肤（或眼睛，通往大脑的通道）每天暴露在未经过滤的阳光下，并且不戴太阳镜、不用衣服遮盖、不涂防晒霜，也会使你的细胞形成EZ水。

实际上，这是1 200纳米的光在起作用。阳光中的其他光谱也是有益的。例如，太阳光中的红光会被血液中的血红蛋白和线粒体吸收，线粒体则会给细胞输送电子。通常，这种电子与你的身体从食物和空气中合成的电子类型相同。

人们对晒太阳这一点有很多困惑甚至是恐惧，所以很多人在出门前都要费尽心思把每一寸皮肤都遮盖起来。我们会涂上厚厚的防晒霜，戴上太阳镜，用衣服遮住身体。但我们的身体需要自然光。然而，过度照射也是不健康的，会导致晒伤。每天少量的阳光照射可以刺激皮肤中的胶原蛋白生成，对你的大脑、情绪和细胞中的水分都有好处。

为了获得关于阳光照射和防晒霜方面的知识，我找到麻省理工学院计算机科学与人工智能实验室的资深研究科学家斯蒂芬妮·塞内夫博士。她主要研究营养与健康之间的关系。她写过10篇关于现代疾病与营养不良和环境毒素对人类健康影响的论文，我非常喜欢她这样的人，她从一个领域转到另一个领域，并做出改变，因为她会以不同的方式看待事物。

塞内夫博士认为，随着防晒霜使用量的增加，黑色素瘤的发病率反而会增加。虽然它们之间的因果关系还没有被证实，但使用防晒霜和黑色素瘤之间有很强的相关性。这有点儿说不通，因为防晒霜本来是应该保护你免受有害的阳光的。但是塞内夫博士解释说，这种联系实际上要归因于草甘膦除草剂，它破坏了皮肤自我保护的能力。

肠道微生物通常会产生色氨酸和酪氨酸，这两种氨基酸是黑色素的前体，而黑色素是一种呈棕褐色或深色的化合物。这两种氨基酸的作用是吸收紫外线，保护你免受紫外线的伤害。但是当你的食物上沾有草甘膦时，它就会影响你的肠道微生物，使它们无法产生足够多的氨基酸，你的天然防晒机制就会停止运作。这就导致了危险的晒伤或黑色素瘤，不是因为暴露在阳光下，而是因为暴露在化学物质中，这些化学物质杀死了可以保护你免受阳光伤害的细菌。你的饮食中也需要大量的多酚（来自颜色鲜艳的植物）来制造黑色素，因为黑色素是由多酚合成的。

有了正确的饮食和健康的肠道后，你就可以安全地将自己适度暴露在阳光下，让你的细胞产生更多的EZ水了。把普通的水暴露在红外线（也可以是紫外线）下，它就会转化成EZ水。如果你通过享受红外线桑拿，或者在阳光明媚的日子不戴太阳镜或不涂防晒霜将自己暴露在红外线下，你的身体就会吸收这些光能并生成EZ水。光会通过你的眼睛进入你的身体，并直接进入你的大脑，大脑是最先感受到光的影响的地方。光对你的大脑来说非常重要，因为它能帮助你制造EZ水，还能在大脑深处制造黑色素，在那里它能制造额外的氧气和电子来促进认知功能。[2]

波拉克博士向我讲述他做过的一个实验，他让水通过一个狭窄的管道。他发现，当水暴露在紫外线下时，水通过管道的速度是原来的5倍。如果你的血液和淋巴液能更快地流过狭窄的毛细血管，这就意味着你的慢性炎症将更少。当你暴露在阳光下时，线粒体中的微管也会受益于这种效应。

正如第7章所言，充足的阳光照射对维持昼夜节律也是必要的，这可以帮助你获得高质量的睡眠。当你暴露在阳光下时，你的身体会产生血清素，一种让你“感觉良好”的神经递质。身体会把血清素分解成褪黑素，有助于你的睡眠。如果你白天没有暴露在足够的自然光下，你就不会有足够的褪黑素来保证晚上睡个好觉。而你知道睡不好觉是一切不幸的开始。

T. S.威利是第一个对垃圾光（人造光）发出警告的人之一。她是一位作家，她关于阳光和黑暗对人类健康的影响的发现比她所处的时代提前了15年。诺贝尔奖也曾被颁给昼夜节律生物学领域的研究。我和一些健康领域的思想领袖都致力于利用昼夜节律来改善我们的生物系统。其中最有名的可能要数约瑟夫·麦克拉了。他是一名骨科医生，经营互联网流量最大的健康网站已达20年之久。他的许多建议一直走在时代的前列。和其他成功者一样，他也面对着一些人的批评，尽管他曾多次被证明是正确的。除了在节目中采访他，我还了解到他也亲身实践自己的理论。为了给他的生物系统补充能量，麦克拉每天花90

分钟在沙滩上散步（大部分时间赤脚，不穿衬衫），以获取海洋中的电子、光子、负离子以及海鸟中的微生物，最重要的是接触UVB（户外紫外线）。

这使他在过去几年里无须服用膳食补充剂就能维持充足的维生素D水平。对大多数人来说，每天散步90分钟是不可能的，但你应尽量多在大自然中散步，从中获益。

当我们充分暴露在阳光下接触UVB时，我们的身体会产生所需的维生素D。然而，据麦克拉博士估计，今天85%的人都缺乏维生素D，这与很多疾病有关：癌症、糖尿病、骨质疏松症、类风湿关节炎、炎症性肠病、多发性硬化、心血管疾病、胆固醇高、神经系统疾病、肾衰竭、生殖系统疾病、肌无力、肥胖、皮肤疾病，甚至蛀牙。

维生素D如此重要还有一个原因：缺乏维生素D会导致睡眠障碍。事实上，研究表明睡眠障碍的流行有一部分是由缺乏维生素D引起的。[3]如果你不能像麦克拉博士那样搬到佛罗里达，每天在海滩上待一个多小时，我建议你多吃富含维生素D的食物，如鲑鱼、蛋黄、金枪鱼；如果你和我一样生活在北方，还可以从阳光或晒黑灯中获得一些UVB。在补充维生素D之前，要做一个血液测试，确保你摄入了适量的维生素D，摄入维生素D过多或过少都是不好的。维生素D会在短时间内阻止褪黑素的生成，所以你应该在早上服用它，而不是晚上想睡觉的时候。请不要单独服用维生素D_3，但可与维生素K_2同时服用。新的研究表明，在饮食中摄取维生素D_3而不摄取足够的维生素K_2，可能导致身体在几十年内组织钙化，而一些既生维生素A（不仅仅是β–胡萝卜素）有助于维持平衡。

照射阳光对你的精神健康和整体幸福而言至关重要。你可能知道一种最普遍的抑郁症，总是在阳光最弱的月份发病。临床上，这被称为季节性情感障碍（SAD），其症状包括缺乏动力、难以集中注意力以及其他抑郁症状。患有SAD的人通常在秋天发病，因为白天时间变短了；病情在春天会好转，因为白天时间变长了。地理位置也有一定的作用——生活在离赤道较远的人比生活在离赤道较近的人患SAD的概率更高。居住在佛罗里达的人只有大约1%患有SAD，住在阿拉斯加的人的患病概率则高达9%。[4]我认为很多人并不是真的患上SAD，只是他们的表现和整体健康在冬天都受到了负面影响，尤其是在偏北部地区。如果你想取得更大的成功，但一年中有几个月你会出现精神不振的情况，这将是一个大问题。

几十年来，光疗法一直是治疗季节性情感障碍最有效、最流行的治疗方法。研究表明，它和抗抑郁药一样有效。一些研究表明，光疗法的见效更快。[5]最有效的光疗法是到户外，每天让你的眼睛和皮肤暴露在自然光下20分钟。为了最大限度地利用维生素D，在温度和当地法律允许的情况下，应该尽可能多地露出皮肤。

为了设置大脑的睡眠和醒来时间，不要戴太阳镜，但也不要直视太阳。你周围反射回来的阳光已足够。即使你没有季节性情感障碍，这样做也会改善你的情绪，帮助你入睡，并帮助你的细胞产生更多有益的EZ水，而且你可以免费获得。

如果接触不到自然光，试着找到一种室内全光谱光（但不要使用LED灯），它应至少能发出2 500勒克斯（光的单位）的光。把灯光调到与眼睛同高的位置，让它远离你的视线。就像太阳一样，不要直视它，以免伤害视网膜。根据光线强弱，每天照射5~10分钟，逐渐增加时间，但不超过60分钟。一定要按照制造商的说明去做，不要让你的眼睛受到过多的紫外线照射。

自2007年以来，我一直在使用光疗法来提升我的表现，收到了不错的效果。其中一个帮助过我的人是生物化学家史蒂夫·福克斯。如果没有史蒂夫的工作，我的硅谷职业生涯就不会大放异彩。史蒂夫的发现比其他人早20年。

史蒂夫帮助我调整了我的光疗法，提高了我的认知功能，让我睡得更好。他说，如果你想让每一天都在和谐中度过，使生物节律与昼夜周期同步，你就应该早晨暴露在红光下，这是为了模拟日出的效果。在中午和白天的大部分时间里光线应转为蓝色，在你准备睡觉的时候，光线应逐渐回到红色。这复刻了太阳一天的活动，但蓝色LED灯因为强度太大不太适合。

如果你与白天的自然状态不同步，也就是说你或熬夜或早起（日出前起床），你就可以使用光疗法让自己回到白天的状态。例如，如果你必须更早起床，那么你醒来的第一件事就是让红光照射到你身上。在你的床上设置一些红灯，掀开被子，打开红灯，让你的身体暴露在红色和红外线光子下。这将激活你的线粒体，改善你的血液循环，使你的能量明显提升。但到了晚上，LED灯的蓝光会抑制褪黑素的产生，所以晚上要把家里的光调暗，并避免电子屏幕的灯光。

暴露在阳光下有助于你的身体产生维生素D和EZ水，形成昼夜节律来提高你的表现。出去晒晒对你来说至关重要，它将我们引向下一条法则。

推荐练习

- 选择没有喷过草甘膦的有机食品。
- 每天充分暴露在阳光下20分钟，不涂防晒霜，不戴任何类型的眼镜（眼镜会阻挡紫外线）。在这段时间里，听听播客，散散步，打个电话，或者练习冥想，这样你就会得到更大的回报。
- 考虑补充维生素D、维生素K_2和维生素A。一定要先做检查，这样你才知道要服用多少剂量。野生三文鱼和蛋黄是维生素D的良好来源，但它们的含量远不及膳食补充剂的含量。
- 如果冬天你住的地方很少出现阳光，那就在一个阳光充足的地方度过一周。
- 如果你在冬季感到精力不足，可以考虑光疗法。

法则 42　享受森林浴

“

我们所处的社会喜欢让一切变得整洁，这严重损害了我们肠道的生物多样性，对我们的整体健康和幸福都产生了负面影响。一直保持100%的整洁既没有必要，也没有益处。为了获得健康和幸福，你应该适当把自己弄脏，沐浴在大自然中，不要过度清洁自己。

”

玛雅·施翠特–克莱恩博士是一名神经学家和草药医生，著有《泥土疗法：健康食品、健康肠道、快乐儿童》一书。该书介绍了一种治疗儿童和成人健康问题的综合方法。我发现她的工作特别有趣，因为她不仅是一名神经学家，还是一名草药医生和城市农民，还在原住民社区做了很多重要的工作。施翠特–克莱恩博士想要改变人们对污垢和细菌的看法。她说，让自己暴露在细菌环境中无论是对肠道发育、免疫系统的发育，还是对健康的大脑功能，都具有重要意义。我们的文化痴迷于卫生。我们相信越干净越好，而认为脏是不好的。结果就是，我们用抗微生物剂、工厂化食品和抗菌清洁剂对我们的生活和身体进行了彻底的消毒。

其实，这反而让我们变得更不健康、不快乐。施翠特–克莱恩博士说，恢复健康的第一步就是改变我们对肮脏的看法。大多数细菌是没有好坏之分的。当然也有一些十分令人讨厌，但是你身体的免疫系统的强度，包括你的肠道微生物，决定了它们的威胁程度。那么，肠道健康是由什么决定的呢？微生物多样性。当你的体内有各种各样的细菌群落时，它们能共同保持肠道平衡，防止任何一种细菌群落失控生长。你永远不可能完全摆脱有害生物，它们会一直存在于我们体内，包括寄生虫和病毒。但它们可以协同生存，只要你身体中存在各种各样的其他生物体，它们就能互相控制。

保持肠道微生物多样性的最好方法是接触优质的陈土，尤其是土壤，其中含有能让你更快乐的有机物。像许多其他好东西一样，这也是科学家偶然发现的。2004 年，伦敦皇家马斯登医院（Royal Marsden Hospital）的肿瘤学家玛丽·奥布莱恩博士给她的肺癌患者注射了一种名为母牛分枝杆菌的土壤细菌，看看它能否延长他们的寿命。很遗憾她没有取得成功。不过，它的确显著提高了患者的生活质量。在注射了这种细菌后，他们变得更快乐、更有活力，认知功能也有所提升。

几年后，布里斯托尔大学的神经科学家将同样的细菌注入老鼠体内，发现它激活了老鼠大脑中负责产生血清素的神经元群。这与抗抑郁药物的作用颇为相似。因此，与其服用那些有明显副作用且被记录在案的药物，不如照料你的有机花园，可能也会得到类似的效果。快点儿加入我的行列吧！

科学家们目前正在研究这些结果是否也会出现在人类身上，并利用土壤细菌来治疗抑郁症，甚至是创伤后应激障碍。在他们成功之前，我将先尝试玩泥巴的效果。

小时候，我们总是喜欢在泥里玩耍，这是有原因的：我们会本能地被泥土吸引，因为它让我们感觉良好。弄脏自己是我们的一种自然行为。当我们还是婴儿的时候，我们就喜欢在地上爬行，不断地把手和脚伸到嘴里。当我们这样做的时候，我们实际上是在这个关键的发育过程中一次又一次地播种我们的微生物。

施翠特–克莱恩博士说，这是人类与自然联系的一种方式。我们都知道在大自然中散步会让我们感觉舒畅，收到鲜花也是如此。她说，这是植物医学的一种形式。在我们的文化里，我们送花给别人表达我们的高兴、爱意、祝贺、慰问。我们这样做是因为它改善了我们在身体和情感上的感觉。在我们的家里种植来自户外的植物会改善我们的心情。也许伴随花朵而来的土壤细菌也有类似的功效。

另一种基于植物医学的文化行为是日本的“森林浴”，人们会沉浸在森林的美丽之中。这一概念是在20世纪80年代发展起来的，当时许多日本人从农村搬到城市，这让他们觉得回归原来的土地，在那里沐浴并吸收他们在城市中失去的一些东西是很重要的。这种疗法已经成为日本医学的一个重要分支。

森林浴不仅能改善你的肠道菌群，在大自然中散步也是一种不费力的运动，具有改善情绪、降低应激激素的产生、延长寿命的功效。但对于“森林浴”者来说，起作用的不仅仅是运动。[6]研究表明，森林浴者的平均唾液皮质醇浓度比城市远足者低12%~13%，这意味着大自然本身就能减轻压力。森林浴还能降低交感神经活动、血压和心率。[7]

森林浴还能增强免疫力，这可能是因为长期生活在大自然中增加了我们的生物多样性。此外，许多常青树会释放出一种叫作植物杀菌剂的芳香化合物，这种化合物能增加自然杀伤细胞（NK），这种细胞是人体免疫系统抵御病毒和疾病的主要屏障。当自然杀伤细胞因长期接触应激激素受到抑制时，应激激素就会导致免疫系统减弱，甚至引发癌症。但是，在森林浴后，自然杀伤细胞的活性会更高，并且随着你的身体暴露在更多的植物杀虫剂中，自然杀伤细胞的活性也会上升。在认知方面，森林浴可以改善情绪，提高脑力和创造性解决问题的能力。[8]一些常青树的精华油也可能含有这些化合物。

另一位防弹电台嘉宾扎克·布什博士早年是研究肿瘤的。当他发现土壤中的微生物分子与他正在研究的化疗药物非常相似时，他突然灵光一现。他意识到土壤中的微生物与我们的线粒体和细胞可以直接交流，于是他改变了他的职业追求，转而研究这一现象。在采访中，布什博士建议我们都应该花时间在自然环境中深呼吸。我们的鼻窦会从自然环境中吸收微生物，而我们身体中微生物的多样性会让我们更有韧性。他经常去沙漠、雨林和任何他能找到的不寻常的自然环境中，以此来丰富他的肠道菌群。他还发明了一种由古代土壤细菌制成的补充剂，其中含有他发现的化合物，名为“修复”(Restore)。现在，我也会到布满未受干扰的土壤微生物的环境中深呼吸。这就是所谓的徒步旅行，它在很多层面上都胜过跑步机。

即使在城市里生活，也有很多方法可以帮助你从大自然中受益。比如逛公园、堆肥、遛狗或者花点儿时间和其他人在一起，这些都可以增加你的肠道菌群多样性。保持清洁、勤洗手是可以的，但是要少用抗菌剂和洗手液，用普通的肥皂代替。

保持适度清洁，同时鼓励你的孩子弄脏自己。让他们滚下山坡，尽可能多地在户外玩耍。和他们一起在户外玩，然后在一天结束的时候用肥皂把自己洗干净。其实做到这一点很简单，所有的成功者也是这样做的。

推荐练习

- 让你的孩子在泥土中玩耍，你最好也加入他们。
- 每周都到大自然中散步。你还可以叫上邻居同行（带上朋友）。
- 不要使用抗菌清洁剂和漂白剂。
- 家里养些盆栽绿植，从土壤细菌中获益。

第 15 章　保持一颗感恩的心

本书中几乎所有法则都有一个共同点，它们都通过保障原始防御系统的安全，使你摆脱战斗或逃跑的紧张状态。很多成功人士都是通过这些方法找到改变世界的力量的。确保你的身体知道它是安全的最好方法就是感恩。那些在自己的领域处于领先地位、做出引人瞩目的事情、拥有权力并利用它来服务他人的人都知道，感恩不仅仅是一种令人愉快的感觉，还让你有精力去做想做的事情，并享受生活。

当生活顺利时，心存感激很容易。但是要做到感恩一切（包括最严重的创伤、挫折和障碍）并不容易。然而，正如这些杰出人士所证明的那样，这是至关重要的。他们没有陷入自怜的陷阱，也没有怨天尤人，而是努力在最黑暗的时刻发现美好。我采访过的许多人说，如果他们没有找到一种方式来感谢自己做出的努力，他们就不会像今天这样快乐或成功。我也一样。

我很感激自己住在一个充满有毒霉菌的房子里，它彻底提升了我的生理健康。我很感激自己散尽家财，还得继续工作。如果没有经历过那些艰难困苦的时刻，我就不会吸取到宝贵的经验教训，这些经验教训激励我创立了防弹公司，也让我同别人分享我学到的创造能量的方法，我所创造的能量比想象中更多。我努力让自己有这种感觉，因为我的本能反应是愤怒。但我的努力每天都有回报，因为我不再背负愤怒的负担。

如果你跳过这本书的前面，只读这一章，你仍然会有所收获。感恩很重要，这是一种你可以学习的技能。通过有规律的练习，这种满足感会在你的神经系统上留下持久的印记，使你可以积极地思考。这意味着你越感恩，你就会越积极，而不是消极。当你学会感恩的时候，生活就会变得更轻松。当你越积极地思考，你就越能超越你的本能，把宝贵的精力花在自己身上，也许也为人类做了一点儿贡献。

法则 43　感恩比恐惧更强大

> “
>
> 克服对你无益的恐惧是有所成就的必要条件。勇气是有用的，但需要耗费大量的精力来维持。所以，把勇气留到你的生命真正面临危险的时候。其余时间，你可以用感恩来减少恐惧感。从恐惧中解脱会给你带来幸福，无论你选择做什么，拥有幸福都能让你表现得最好。
>
> ”

史蒂芬·博格斯博士是最令我印象深刻的嘉宾之一，他是印第安纳大学的知名科学家，是金赛研究所性创伤研究联盟主席。1994年，博格斯博士提出了多重迷走神经理论，震动了医学界。该理论将自主神经系统与社会行为联系起来，为行为问题和精神疾病提供了生理学方面的解释。他的工作深刻地改变了科学家研究精神健康问题的方式，并提供了压力功能方面的洞见，压力对我们所有人都可能是有益的。

迷走神经也被称为“流浪神经”，它起始于你的脑干，遍布全身各处，连接你的大脑、胃和消化道，以及你的肺、心、脾、肠、肝和肾。迷走神经的主要功能是监测你的身体状况，并将信息反馈给大脑。它是副交感神经系统的重要组成部分，负责在“战斗或逃跑”反应加速后让你平静下来。迷走神经活动的强度被称为迷走神经张力。如果你的迷走神经张力很高，在经历了一段时间的压力后，你将更快地放松下来。相反，低迷走神经张力会让你长期处于“战斗或逃跑”的状态。

显然，在经历了一段时间的压力之后，能够重写默认系统，更快地冷静下来是很重要的。幸运的是，据博格斯博士说，任何人都有能力提高自己的迷走神经张力。社交互动是增强迷走神经张力的一种方法。人类的进化不是孤立的，我们是在群体中完成进化的。因此，我们受益于并继续需要别人的帮助。关爱不是无私的、单向的行为，而是双向的，或者至少应该是双向的。当我们帮助他人时，只要他们乐于接受帮助，我们就会感到身心愉悦。儿童和狗就是最好的例子。他们需要我们的关爱，乐于接受我们的关爱，这反过来让我们心情愉悦，想要继续关爱他们。

“感恩”也会影响迷走神经张力。博格斯博士解释说，当你心怀感恩时，你的神经系统就会“沐浴”在安全信号中。从进化的角度来看，这是有道理的：当你被老虎追赶时，你不会感到感激。但是，即使没有老虎的存在，你也不一定会心存感激。所以，消除威胁与安全不是一回事。你的身体需要得到真正的安全提示，才会感到感激。他认为，有一个过程决定了你的身体对感知到的危险的反应。你可能没有意识到这个过程：它通常发生在暗处，迷走神经的不同分支会对不同的情况做出反应。

当你受到一种可怕的刺激时，你的身体首先会做出反应：语言、肢体动作、声调和其他非语言暗示。[1]如果刺激得太强烈，这些反应不足以提供足够的安慰，你的大脑就会激活你的应激激素——你的“战斗或逃跑”反应。如果你的迷走神经张力低，不能回到基线，你可能会全身僵硬，无法行动。博格斯博士认为，这种现象在受到创伤或被虐待的人中很常见。

当你知道你的恐惧是非理性的，你可以使用安全提示来阻止这种恐慌，防止你的身体进入全面的“战斗或逃跑”反应。博格斯博士解释说，其中一个安全提示就是使用舒缓的声音。想想那些听到舒缓的歌声而明显平静下来的小孩子。父母经常会本能地对孩子使用这些语调，其实改变说话的语调对成年人也有用。亲自念出引导语或把引导语录下来都可以，要采用缓慢有节奏的语调陈述。用声音引导放松，可以比正常的谈话语调更快地诱导你的大脑进入放松状态。（我在防弹电台里说话语速不快是有原因的！）如果你感到有压力，暴力反抗机器乐队的音乐就不适合你，即使它让你充满活力。反而是舒缓的音乐可能会给你的神经系统带来更高的回报。

另一种激活大脑安全提示的方法是想象一个让你感到快乐的地方。我知道这听起来很老套，但确实有效。为了做到这一点，你需要在心平气和的时候想好一个“安全的地方”或“快乐的地方”。闭上眼睛，想象一个让你完全放松、满足、平和的环境。想象尽可能多的感官信息和细节——视觉、嗅觉和听觉。经常进行这样的想象练习。一旦你开始感到害怕或生气，你就可以毫不费力地想象出一个“安全的地方”。当你需要它的时候，它就在那里。我的“安全的地方”可能看起来像一个蝙蝠洞。

另一位让我懂得感恩的顶尖专家是艾丽莎·埃佩尔博士，前面对她进行过介绍，她是加州大学旧金山分校的教授，主要研究压力如何通过端粒/端粒酶系统影响我们的衰老，以及冥想方式如何缓冲压力的影响，使身体和精神更加健康。

埃佩尔博士告诉我，她与哥伦比亚大学的线粒体研究者马丁·皮卡德博士进行了一项研究。他们检查了参与者的血液，以确定线粒体酶的活性。这些化学物质在为细胞产生能量方面起着重要作用。埃佩尔博士和皮卡德博士发现，护理人员这个群体——比如患有慢性疾病的孩子的母亲——的酶活性更低，但在这个群体中也有一些明显的例外。

为了了解这些差异的起源，研究人员对参与者的日常生活进行了调查，并向他们提出一些问题，比如：从你刚醒来的那一刻起，你对这一天有多期待？你今天有多担心？你有多幸福？你有多大压力或焦虑？研究人员不仅要观察参与者的情感和情绪，还要观察他们对即将发生在自己身上的事情的评价，无论这件事是好是坏。换句话说，他们是否被困在一个怪圈中？他们是否也经历了希望和感激？研究人员分别在早上、短暂压力后和晚上检查了参与者的线粒体酶。他们发现，拥有最多线粒体酶的人在醒来和上床睡觉时，尤其是就寝时间，会产生更多的积极影响。线粒体功能的好坏决定了他们的恢复情绪，以及他们是否保留了一天中发生在他们身上的所有事情的残留记忆。

为了帮助人们改善情绪，避免在醒来时感受到压力，埃佩尔博士建议人们在睡前想一些让自己感激的事情。这种简单的感恩练习可以提高参与者的线粒体酶，让他们更快乐。

虽然生病孩子的母亲可能会担心最坏的情况，这是可以理解的，但埃佩尔博士解释说，很多人是在不知不觉中感受到压力的。你是否整天都带着这种危险或威胁进行思考？你是否在压力发生之前就预料到它，从而使自己处于战斗或逃跑的状态？或者，你是否通过感恩将自己置于安全信号中？有一个简单的方法可以判断你是否整天都在预测危险，那就是注意你晚上的感觉。你在晚上的情绪很重要，因为它反映了你从压力中恢复的情况。你需要观察下班回家和上床睡觉前，你是否够积极。

几年前，我在防弹公司筹划了一个感恩实践——每周的执行团队会议从每个团队成员分享让他感激的事情开始。人们有时候会分享工作上的胜利，但通常是和家人在一起的故事，或者一个志愿者项目，或者是海鹰队获胜的故事。带着感恩的心开会，可以使团队成员之间的互动更加有效，联系更加紧密。我认为这是我提供给那些把热情献给公司的人的礼物：帮助他人获得无限的力量。

我认为感恩这件事很重要，所以我想让更多人知道这一点。每当睡觉前跟我的孩子聊天时，我都会让他们分享一次“善举”——他们帮助别人的经历。每当他们分享一件这样的事时，他们的迷走神经张力就变得更强。我们每晚都做这样的感恩分享。拉娜和我会让他们列出三件他们最感激的事。他们有时候会说一些小事，比如感恩晚上吃到了草饲肉眼牛排（有这样的美食家孩子，我可真是幸运）。有时候，他们也会说一些更大的事。我儿子5岁时曾脸上带着惊讶的表情说："爸爸，我很感激大爆炸这件事。因为没有它，世界就不会存在。"然后他转过身去，开心地睡去。我知道这时他的神经系统一定非常镇静，线粒体也在全力工作。这个方法对成年人也一样有效。快试试吧。

推荐练习

- 不要过于杞人忧天，总是担心还没有发生的事。一旦你察觉到了类似的苗头，试着找到自己的"乐土"。
- 与人为善，提高你的迷走神经张力。
- 每天入睡前，心中默念三件你感激的事，提高你的线粒体酶的活性。你可以现在就试试，看看对你的神经系统会带来怎样的影响。

____

____

____

- 当你希望关闭你或者他人的战斗或逃跑反应时，用舒缓、冷静的语气讲话。
- 当你需要能量时，去听兴奋的音乐。但如果你的压力已经很大，就要听安静的音乐。

法则44 宽恕，但不要懊悔

> 感恩能提高你的表现。杰出人士知道，感恩也是通往宽恕的大门。当你原谅他人时，你的神经系统就会重新编写，不再对过去的创伤、痛苦和被忽视的记忆做出自动反应。你需要找出你对自己撒过的谎，然后对你经历过的最糟糕的事情心存感激。你不必觉得遗憾，因为宽恕是对人类行为的最大的提升。带着热情去宽恕，你就会获得新的能量和幸福。

我在完成了为期一周的阿贝托·维洛多高级冥想训练后，花了一些时间待在一家汗蒸屋。一位年长的印第安太阳舞者带领着我，以及10多个人一起参加。其中有一个女人非常不开心，尽管能参加冥想训练已经是她的完美馈赠了。她不停地说着诸如“我已经跌到谷底，不能再糟了”的话，当她有机会索取东西时，她说：“我只希望我有足够的能量度过这一天。”看到她对自己的看法，我惊呆了，脱口而出：“还不如要求自己有足够的精力来跳舞呢？”我将这种轻率行为归咎于环境中的高温，但它给我们上了重要的一课。

汗蒸屋的负责人是一位睿智的长者，他看着她说：“你这是在顾影自怜，我们知道该怎么做。”然后，他往滚烫的石头上浇了些水。事实上，那个女人有很多值得她感激的事情。她还能站着，能够负担得起相对昂贵的训练，而且在被一位长者邀请参加一个神圣的仪式之前，她还向阿贝托·维洛多这样一位了不起的人学习。

这是一个关于重塑的问题，每个人都会感到自怜和感恩。你会选择自怨自艾还是心存感激地生活？即使你目前的生活很艰难，或者一直都很艰难，你还是能够从中找到一些事情来感恩，哪怕是微不足道的事。以我为例，每当我觉得事情糟糕透顶的时候，我总是会庆幸自己的双腿健全，纵使情况变得更糟，我至少还能站立。现在，你看到了这本书，也有了向数百名杰出人士学习的机会，你也能够做到。有时候，你觉得自己拥有的不多，其实已经绰绰有余。

在某种程度上，感恩如此强大，会把你从自我怜悯中带出来。想象一下你在路上行驶被人加塞超车，拦住去路。通常在这种情况下时，我们的第一反应是，那个家伙一定自以为技术过人。但如果你换个角度思考呢？也许，他这么做是为了赶去医院见他垂死的母亲最后一面呢？这时，你应该会庆幸你给他让路了吧？

感恩之心可以打开宽恕之门。当然，这个故事不是真的。你永远不会知道别人加塞超车的原因。但是，你可以编造一个故事让自己感到感激和宽恕，或者你也可以选择继续怨恨。加塞超车的人不会知道其中的区别。无论你告诉自己他加塞超车的原因是什么，他的生活都不会改变。宽恕的核心是让你不再对别人怨恨，因为你还有更重要的事。

我们很多人都犯了半途而废的错误。被别人超车时，我们不思考就立马原谅别人，跳过了编造一个让你感到感激的故事这个环节。他也许只是想炫耀自己的开车技术，我还是原谅他吧。这虽然是朝着正确的方向迈出的一步，但它只会带来一种认知层面的宽恕，不会影响你的脑电波或神经系统，你也体验不到感恩带来的全部好处。思考宽恕和感受宽恕是不一样的。换句话说，你很容易假装不在乎一个混蛋如何对待你，但如果你内心感到不平衡，你最终还会付出代价。

而如果面对生活中那些坏家伙也心存感激，是能够提升你的幸福感的。“厚脸皮”并不是很有用，因为它会迫使你不断地承受打击，阻碍积极的情绪，且建立和保持“厚脸皮”是需要耗费精力的。然而，当你学会感激和同情一个混蛋时，你就不会去计较他的行为，你也就不会投入任何精力，这就是所谓的宽恕。对一个混蛋真心实意地表达感激之情，比忽视他更令他生气，这不是更好吗？对于他来说，这比一开始表现得像个混蛋要耗费更多的精力。你暗地里憎恨别人，并不会让你或者其他人的生活变得更好。

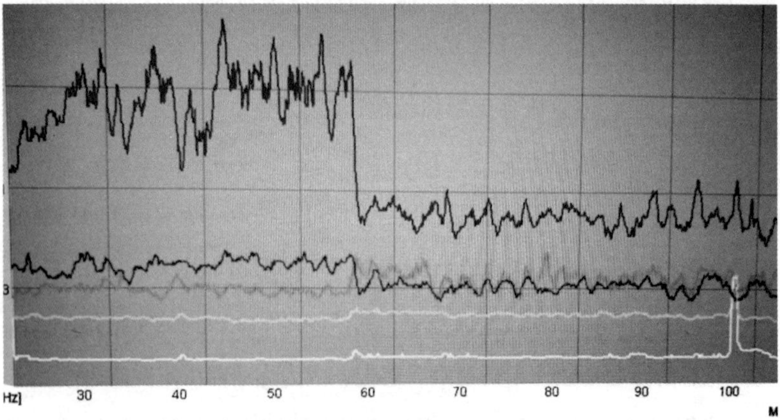

图 15–1 “禅修40年”神经反馈增强重置方案显示了宽恕和感恩在执行认知增强训练中对脑电波的影响

在一次采访中，我向蒂姆·费里斯提出每周工作4个小时的问题，他用姑息治疗医生B. J. 米勒的话回答了我：“不要相信你所想的一切。”蒂姆说，当人们质疑他们根深蒂固的哲学和基本假设时，他们常常发现这些观点是完全错误的。他在生活中也经历过这种情况。在听取了米勒的建议后，费里斯告诉自己：不要沉迷于故事中。如果你在恐惧中醒来，或者处于抑郁期，或者沉迷在一个关于自己或这个世界的令人沮丧的故事中，你将永远无法取得成功。

而我从许多精神导师和个人发展专家那里学会了如何用积极的方式表达肯定，比如专注于做某事而不是不做。蒂姆说，不要沉迷于故事中这个建议对他很有用。它就像一个停止键，切断了他的自我欺骗模式。这让他面对一切时毫无反应，不受创伤或过去错误的情感包袱的影响。积极的说法是：“实事求是，活在当下。”你两样都能做到！

例如，如果有人在电话里对你粗鲁无礼，不要以为他和你有什么个人恩怨，或者他想毁了你的一天，也许他只是饿了。也许她需要上厕所，但她的老板不让她休息。用一个积极的故事激发自己的感恩之情，原谅一个小小的错误。但如果你沉迷于一个自怜的故事中不能自拔，你的生活将让你痛苦不堪。

也许没有人比托尼·罗宾斯更好地掌握将自怜转化为感激的艺术了。罗宾斯是一位举世闻名的励志演说家、个人理财大师，也是《纽约时报》畅销书作家。在防弹电台的一期特别节目中，托尼、彼得·戴曼迪斯和营销大师乔·波兰讨论了托尼的故事，以及他为什么相信没有什么是不可能的。托尼说，不可能不是事实，而是一个观点。理论上讲，只要你肯做，一切皆有可能。即使在科学领域，许多被认为是不可能的事情后来也被证明是可能的。因此，托尼说，任何时候一个企业的业绩没有增长，或者一个人没有成功，都不是因为这是不可能的。

原因只能是公司或个人的策略不起作用。正如托尼所说："如果你能抛开你的限制，相信无限可能的力量，那么一切就会改变。"在认识了托尼并与他同台演讲之后，我可以向你保证，他完美地践行了这句话！

事实是，当你的神经系统认为你受到了严重威胁时，你就受到了损伤，这些损伤日后会成为阻碍你前进的因素。损伤就在你的体内，它能确保你不会再受同样的伤害。感恩并给予真正的宽恕是理清这些故事、看清事情真相的方法。

推荐练习

- 想想你经历过的最糟糕的事情，然后从中找出一些积极的影响。
- 你如何看待自己或这个世界？
- 想象一件让上述观点不成立的事？如果你能想到一个答案，那就不要再相信这个故事了。如果你想不到，那就继续想，或者问问你的好朋友。自我限制的故事从来都不会是真实的。
- 列出你怨恨的人或事。

________________，________________

________________，________________

________________，________________

________________，________________

- 这些怨恨会消耗你的精力，给你带来痛苦，却不会影响到对方。感激和宽恕上面的每一项，突破自己的极限。

法则 45 感恩的辅助工具

> 感恩不应该只是偶然事件。你应该利用简单有效的方法在一整天中都体会感恩，就像你在锻炼或健康食物上的投入一样。感恩是一种力量。使用它。

拉姆达斯是一位具有认知科学背景的企业家和行为改变专家。他还是一名经过认证的催眠师，热衷于将实用心理学和商业结合起来，创造一个更美好的世界，并帮助他的许多咨询客户获得了成功。但我采访拉姆达斯的真正原因是他很重视感恩，并养成了感恩的习惯。拉姆达斯建议，为了让感恩有效果，你必须从认知和生理两方面体验感恩，这意味着你必须思考并感受它。当这两个因素结合起来时，你就能以一种强大的方式重塑你的思维。

多年来，拉姆达斯每晚都进行一个仪式，目的是体验感恩的力量。每天晚上，他都写日记回顾当天发生的好事。他发现当人们醒来的第一件事是问自己应该感激什么时，感恩的效果更强大。于是他每天早上都会问自己三个问题，并写下答案：我应该感激什么？我能做些什么让今天变得伟大？我今天想成为什么样的人？

拉姆达斯说，早晨起床后第一件事就是回答这些问题，这可以让他充分利用首要效应，即一觉醒来就做的一些事情会对你的一整天产生更大的影响。第二个和第三个问题可以引导大脑产生对积极的行动和结果的预期，从而增强感恩的感觉。拉姆达斯举了一个例子：当人们知道他们要去看喜欢的电影时，他们的内啡肽水平会升高。因此，只要你在期待一些积极的事情，期待就是幸福和快乐的源泉。

拉姆达斯也没有放弃他每晚的例行公事，他会在睡觉前回顾当天发生在他身上的三件好事。他说，当我们写下我们感激的事情时，我们会睡得更好，体验到更好的睡眠质量，与家人和朋友分享更多的亲密感，并有更强的愿望为他人做好事。

然后拉姆达斯问自己："我要怎样做才能让这一天变得更好呢？"这让他可以保持不断进步的心态。拉姆达斯对这些感恩习惯充满热情，他还设计了一个"5分钟日记本"应用程度，方便他将这些习惯融入自己的生活。

拉姆达斯说，这些简单的习惯可以让你更有弹性，激活你的前额皮质，帮助你在压力状态下保持冷静和专注，而不是恐慌，因为这样做能改善迷走神经张力。同样重要的是，这些感恩的习惯会带来其他积极的改变。2003年，科学家罗伯特·埃蒙斯进行了一项关于感恩的开创性研究。他让参与者每周都写下五件他们感恩的事。10周后，练习感恩的参与者每周比对照组多锻炼一个半小时（无人指示他们这样做），对家人、朋友和同事也更有一种互惠感，这也激发了更多的善意行为。也就是说，他们因为感激周围的人，所以更愿意为别人付出。

托尼·罗宾斯也有帮助他人的经历，他有感恩的习惯是说得通的。托尼说，他每次只花三分钟思考三件令他感激的事情，并想象每件事的感官细节。举个例子，托尼没有想着"我很感激那个过山车"，而是想象自己在过山车前排座位上，感觉快要崩溃了，完全沉浸在他所感激的事物中。他的三件事中至少有一件是非常简单的，比如微风拂脸或者孩子微笑，以此训练自己对生活中的小事心存感激。

三分钟之后，托尼会做三分钟的祝福祷告，他想象生命、上帝或能量进入他的身体，治愈每一块肌肉和神经，并让他更有激情、更有爱、更慷慨，更富有创造力和幽默感。然后，他假装他所面临的任何问题都已经解决了。当他完全感受到这一点后，他就会想象在自己、亲密的家人和朋友周围环绕着一圈能量。然后，他继续想象着那圈能量延伸到他的客户身边，想象他们被治愈了，得到了他们想要的，过上了他们应得的生活。

最后，他会思考三个对他很重要的结果，而不是去想如何实现它们，他感觉和体验它们，并想象完成它们会产生的影响。他看到人们的生活被感动，体验他们的快乐，并心存感激。整个练习大约需要 10 分钟，但是托尼说他经常花费 15~20 分钟，因为他乐在其中。

想要体验同样的效果，可以使用拉姆达斯和托尼的方法，或者我和我的孩子们的方法，以下这些工具可作为辅助手段：

写感恩日记

这可能是使用最广泛的感恩方式，部分要归功于拉姆达斯的“5 分钟日记”应用程序。写下你感激的事情，因为日记是有形的，所以当这些内容变成一个具体的实物时，你更容易记住每天要感恩的事情。过程很简单：早上写下三件你感激的事，睡前再写下三件你感激的事。如果没有这么多，就在早上或者晚上写。

练习正念

放慢你的生活节奏。如果你总是急着去上班，注意让自己放松。迟到几分钟不会要你的命。下次你上楼梯时，注意留心每一步。当你散步时，看看那些树木、花朵和从人行道缝隙中生长出来的草，闻闻路边的玫瑰。我们身边有很多美好的事物，但大多数人总是急于奔向下一个目标或任务。生命太短暂了，我们不应该忽视这些小事。停下你的脚步，让你的神经系统置于安全提示中，关闭你的默认程序，并让感恩发挥它的力量。

重新考虑消极的情况

这是一个古老的寓言。一个农夫的马跑掉了，邻居们说："真可惜！"农夫说："未必。"第二天，马回来了，还带来了更多的马。邻居们说："太好了！"农夫说："未必。"第三天，一匹马踩到农夫儿子的胳膊上，胳膊折了。邻居们说："太不幸了！"农夫说："未必。"又一天，官吏到村里征兵，农夫的儿子因为折断了胳膊而免服兵役。"太幸运了！"邻居们说。农夫说："未必。"

这个寓言很好地说明了一点：事情没有好坏之分。你觉得它是一件好事，它就是好事；你觉得它是坏事，它就是坏事。你可以从每件事中找到一线希望。幸运的是，每一次艰难困苦都会让你学到新东西，或者让你成为一个更坚强、更坚韧的人。如果你还没有准备好，不要强迫自己，谁都不能一直保持快乐和积极的心态。有些情况很糟糕，所以感受你的负面情绪也很重要，但也要养成发现积极因素的习惯。

积极欣赏

用心发现每一天值得你去感恩的事。当你的一天十分糟糕，或者总是将注意力集中在消极情绪上时，这个方法尤其有用。这不是假装自己很开心或欺骗自己，而是要积极地在生活中寻找你真正欣赏的东西。你可以从感激每天早上的一杯咖啡、你拥有的健康的身体和健全的双腿开始。

装满一个罐子的感恩

这是另一种写日记的方法，但更有创意。找一个大罐子或者一个鱼缸，以家庭（或者自己）的身份，写下每天感激的事情，然后丢进罐子或鱼缸里。当罐子或鱼缸装满时，它就代表了你要感激的所有事情。

和你爱的人一起学习感恩

在餐桌上与家人分享你的感激之情。这是一个很好的小仪式，尤其是你有孩子的话。你可以定下一些基本规则。第一，不可以重复；第二，一定是当天发生的事；第三，不可以和当晚其他人提出的事情一样。这会培养你的创造力和参与感。以一种积极的方式回顾一天会带来一些非常明显的好处。因为感恩通常有助于睡眠，所以晚上做非常合适。选择一个时间与朋友、室友或家人分享你的感激之情。你可以从中收获更积极的思考方式，还可以与你爱的人建立亲密关系。

感恩散步

出去散步（同时晒太阳的话，就更好了），然后细心留意你看到和经历的一切。发现身边所有美好的事物，留意你走每一步的感觉。这会让你平静下来，培养感恩之心。专注于感激给你的身体带来的感觉，并享受它。

写一封感谢信

给那些曾经或多或少触动你的人写一封充满爱和感激的信，可以是父母、朋友、影响你人生的老师，或者任何你想感谢的人。告诉他们你得到的帮助，这样做还可以加深你与那些你关心的人的联系。

练习感恩和宽恕

愤怒和伤害会在你无意识的时候给你带来很大的压力。既要感激，也要原谅，把你受到的伤害写下来，承认你的愤怒和痛苦。感受这种消极情绪，想想你所处的环境是如何让你受益的，或者是如何塑造了今天的你，然后放下这些消极情绪。宽恕具有深远的意义。宽恕对增强你的阿尔法脑电波有着深远的影响，而阿尔法脑电波与平静、专注的精神状态有关。我保证，专注在这种状态下一定会让你成功。

推荐练习

本章最吸引你的感恩方式是什么？

____

____

____

现在，试一试吧。

后记

在过去的几年里，我采访了数百位颇有影响力的人，不少人试图反问我给出的最重要的三条建议是什么。我一直拒绝回答这个问题，因为那些采访——就像这本书一样——与我无关。它们是关于如何从杰出的专家和思想领袖身上获取新知识，并与那些愿意将其运用到生活中的人们分享。我就是这样的人！

我也不想告诉你，就因为一个成功人士以一种方式做事，你也应该以这种方式做事。每个人都是不同的，对一个人有效的方法，可能对你无效。但是，在你分析数据找出具体因素是什么（而不是某人如何做某事）之后，你就可以更明智地做出自己的选择了。与选择相比，找到实现的工具变得不那么重要了。

但是现在，在整理了数据和采访之后，我很高兴与你分享我认为最重要的三件事。它们不是提示或方法，而是罗盘的指针，我希望你能运用任何对你最有效的方法朝着正确的方向前进。

我的第一个建议深刻地改变了我的生活。我把这个经验教给我的孩子、我的团队，以及很多世界级的管理人员。这就是感恩的力量。只是简单地告诉我的妻子和孩子我感激的三件事就完全改变了我的态度，让我有更多的精力投入所有的事务中。我确信，如果我没有让感恩成为一种毋庸置疑的行为，我就不会成为一个好父亲、好丈夫或好的首席执行官。

正如你之前读到的，若要体验感恩的真正力量，你需要找到一种感激一切的方法，甚至你还要感激你的障碍和失败。为了教我的孩子接受失败——这样他们就不会生活在恐惧中，我在每天晚上列出的三件事中，都会列举一次让我感激的失败。这让我学会了原谅，学会了放手，并在做任何事时不断挑战极限。

我的第二个建议是要了解你的神经网络，以及你的线粒体网络。这个线粒体网络会让你依序做以下三件事：逃跑并躲避或杀死让你害怕的东西，吃尽可能多的东西，繁衍下去。一旦你意识到你的本能比你的思想行动得更快，这种本能还会让你把这三件事放在重中之重，你就不会过于羞愧和内疚。如果你没能做成这三件事，没关系，这很正常。现在重新站起来，再尝试一次，但是你要自己掌控，而不是受原始意识的支配。一旦你达到了这种接受的程度，你就可以把精力放在那些能激励你的事情上，而不是那些让你软弱的事情上。

最后，我想告诉你，你的身体并不完全服从于你，但在感激和爱的时候除外。幸运的是，它会倾听你周围的环境。这可能听起来很可怕，但它实际上给了你巨大的控制力。毕竟，你可以自己决定吃什么，怎么睡觉，什么时候运动，呼吸什么空气，接触什么光线。所有这些都非常重要，它是矩阵的一部分，支持着你，并帮助你变得聪明、高效和快乐。如果你能控制好这些对你有利的条件，你就会获得更强的意志力和适应力。

当然，这三个建议是相互影响的。当你的环境支持你的生物系统，你用感恩练习使自己置于安全提示中时，你就能用更多的能量做更多的事。另外，感恩可以帮助你的身体应对压力环境。就像这本书中的法则一样，你在一个领域获得的利益会影响到你生活的其他方面。一旦你看到哪些改变带来了最大的好处，你就可以相应地做出调整。

因为成功的人往往会打破规则，所以我还加上了第四个答案。这与我的公司和我自己的使命有关，那就是帮助人们发掘人类无限的力量。第四个最重要的建议就是要明白你有无穷的力量，当你找到正确的方法来利用这种力量的时候，你就可以做到别人办不成的事。每次当我认为已经达到极限时，我往往都是错的，这是我的惨痛教训。我只是想得不够远大。所以，要把目光放得长远一些。

现在轮到你了。你已经了解到数百个有影响力的人是如何变得更强大，更有创造力，更有复原力的。这些信息能够改变你的人生，但如果你不采取行动，它就不会改变任何事情。那么，你首先要做什么？你最希望它产生什么影响？你将如何利用你获得的能量来做出点儿成绩呢？

致谢

这部分与其称为“致谢”，不如称为“感恩”。读到这里，你已经知道感恩对自己的快乐和表现是多么重要了。我想说这部分并不好写，因为我想要感激的人太多了。我要感谢那些下载并收听防弹电台的人们，尤其是那些在街上看到我，会停下来告诉我这对他们的生活产生了多大影响的人。这就是我每周做两次采访的其中一个原因。正是这种互动激发了我写这本书。

感谢对本书的写作提供直接帮助的团队，包括我信任的写作伙伴朱迪·立普、负责本书数据统计工作的马修·斯沃普、Harper Wave出版社编辑总监朱莉·威尔、最棒的代理商Celeste Fine和防弹电台执行制片人塞琳娜·希勒——她一直在帮我联系嘉宾。

我还要感谢我的助手安妮·塔齐安、凯莉·哈里斯和贝夫·汉普森，他们给我安排日程，让我能够挤出时间来写这本书，并承担了许多我本应该自己做的非写作任务。

说到时间，我要感谢我可爱的妻子拉娜博士以及我的孩子安娜和艾伦，是他们让我在几个漫长的写作夜晚后可以睡个懒觉，让我明白一本书是一项一旦开始就必须完成的任务。没有你们的爱和包容，就不会有这本书。我希望我花在写作上的时间能对世界产生足够大的影响，也让你们的生活变得更好。

我有一份全职工作——担任一家公司的首席执行官，这本书离不开整个防弹团队的大力支持。他们在我专注于写作时时刻关注我们的客户。感谢你们的支持，以及你们每天为改变人们生活所付出的不懈努力。

特别感谢维珍、乔·普李斯、杰·亚伯拉罕、杰克·坎菲尔德、迈克·柯尼希斯、莫国兰·白瑞博士、迈克尔·温兹、彼得·戴曼迪斯、纳文·贾因、克雷格·汉德利、亚蒙、彼尔·穆德博士、海曼博士和肯·卢特考斯基一路上给予的建议和关怀。

我还要特别感谢德鲁·皮尔森，他为我定制了神经反馈方案来帮助我的大脑写这本书，还要感谢马修·库克和哈里·阿德尔森为干细胞所做的贡献！

在防弹电台上的每一次采访和谈话都让我变得愈加充实，在完成了500集之后，在这里把每位嘉宾的名字列出来似乎并没有什么意义。不过，我还是要特别感谢本书提到的这些人，包括维珍、杰克·坎菲尔德、斯图尔特·弗里德曼、托尼·斯塔布尔宾、布兰登·伯查德、罗伯特·格林、维申·拉克雅礼、罗伯特·库珀、加贝·伯恩斯坦、丹·赫尔利、蒂姆·费里斯、史蒂夫·福克斯、丹尼斯·麦肯纳、瑞克·多布林、安布尔·里昂、帕特里克·麦基恩、布兰登·罗斯、拉市·梅塔、布劳斯·利普顿、贾江、纳文·贾因、苏比·乔杜里、伊莎贝拉·温兹博士、马克·贝尔、根波·罗希、佩德拉姆·苏亚伊、哈尔·埃尔罗德、约翰·格雷博士、克里斯托弗·瑞安、艾米丽·弗莱彻、乔琳娜·布莱顿博士、保罗·扎克、埃利·布洛克、纳塔莉、杰弗里·米勒、比尔·哈里斯、布加·拉克什敏、迈克尔·布劳斯、乔纳森·维索尔、约翰·罗曼尼洛、菲利普·威斯布鲁克、丹·莱文多斯基、德怀特·詹宁斯博士、阿里安娜·赫芬顿、凯利·斯塔雷特、贝克、道格·麦高夫、查尔斯·波利金、马克·西森、巴里·西尔斯、马蒂亚斯·里宾、吉姆·奎克、斯坦尼斯拉夫·格罗夫、戴维·珀尔玛特博士、阿贝托·维洛多、丹尼尔·亚蒙、杰拉尔德·波拉克、辛西娅·帕斯奎拉–加西亚、马克·迪文、凯瑟琳·沙纳汉博士、马克·海曼、妮娜·泰肖尔兹、比尔·安德鲁斯、凯莉·罗姆布鲁、威廉·J.沃尔什、威廉·戴维斯博士、罗恩·亨宁海克博士、马修·库克、哈里·阿德尔森、艾米·基伦、杰·亚伯拉罕、乔舒亚·菲尔茨·米尔、詹姆斯·阿尔图切尔、托尼·罗宾斯、彼得·戴曼迪斯、巴里·西尔斯、丹·哈里斯、维姆·霍夫、丹尼尔·维塔利斯、扎克·布什、斯蒂芬妮·塞内夫、约瑟夫·麦克拉、玛雅·施翠特–克莱恩、艾丽莎·埃佩尔、伊丽莎白·布莱克本、拉姆达斯。

注释

第 1 章 抓住弱点不放只会让你更弱

1. Shai Danziger, Jonathan Levav, and Liora Avnaim-Pesso, "Extraneous Factors in Judicial Decisions," *Proceedings of the National Academy of Sciences of the United States of America* 18, no. 17 (April 26, 2011): 6889–92; http://www.pnas.org/content/108/17/6889.full.pdf.

第 2 章 养成让大脑变聪明的习惯

1. Peter Schulman, "Applying Learned Optimism to Increase Sales Productivity," *Journal of Personal Selling & Sales Management* 19, no. 1 (1999): 31–37; http://www.tandfonline.com/doi/abs/10.1080/08853134.1999.10754157.
2. Susanne M. Jaeggi, Martin Buschkuehl, John Jonides, and Walter J. Perrig, "Improving Fluid Intelligence with Training on Working Memory," *Proceedings of the National Academy of Sciences of the United States of America* 105, no. 19 (May 13, 2008): 6829–33; http://www.pnas.org/content/105/19/6829.abstract.

第 4 章 克服恐惧，跳出舒适区

1. M. C. Brower and B. H. Price, "Neuropsychiatry of Frontal Lobe Dysfunction in Violent and Criminal Behaviour: A Critical Review," *Journal of Neurology, Neurosurgery, & Psychiatry* 71, no. 6 (2001): 720–26; http://jnnp.bmj.com/content/jnnp/71/6/720.full.pdf.

第 5 章 留一点儿时间给自己

1. Aaron Lerner, Patricia Jeremias, and Torsten Matthias, "The World Incidence and Prevalence of Autoimmune Diseases Is Increasing," *International Journal of Celiac Disease* 3, no. 5 (2015): 151–55; http://pubs.sciepub.com/ijcd/3/4/8/.

第 6 章　建立良好的亲密关系

1. Ed Yong, "Shedding Light on Sex and Violence in the Brain," *Discover*, February 9, 2011; http://blogs.discovermagazine.com/notrocketscience/2011/02/09/shedding-light-on-sex-and-violence-in-the-brain/#.WgSzGYZrw6g.
2. Eliana Dockterman, "World Cup: The Crazy Rules Some Teams Have About Pre-game Sex," *Time*, June 18, 2014; http://time.com/2894263/world-cup-sex-soccer/.
3. Madeline Vann, "1 in 4 Men over 30 Has Low Testosterone," ABC News, September 13, 2007; http://abcnews.go.com/Health/Healthday/story?id=4508669&page=1.
4. Tillmann H. C. Krüger, Uwe Hartmann, and Manfred Schedlowski, "Prolactinergic and Dopaminergic Mechanisms Underlying Sexual Arousal and Orgasm in Humans," *World Journal of Urology* 23, no. 2 (July 2005): 130–38; https://link.springer.com/article/10.1007%2Fs00345-004-0496-7.
5. Michael S. Exton, Tillman H. C. Krüger, Norbert Bursch, et al., "Endocrine Response to Masturbation-Induced Orgasm in Healthy Men Following a 3-Week Sexual Abstinence," *World Journal of Urology* 19, no. 5 (November 2001): 377–82; https://link.springer.com/article/10.1007/s003450100222.
6. James M. Dabbs Jr. and Suzanne Mohammed, "Male and Female Salivary Testosterone Concentrations Before and After Sexual Activity," *Physiology & Behavior* 52, no. 1 (July 1992): 195–97; https://www.sciencedirect.com/science/article/abs/pii/0031938492904539.
7. Umit Sayin, "Altered States of Consciousness Occurring During Expanded Sexual Response in the Human Female: Preliminary Definitions," *NeuroQuantology* 9, no. 4 (December 2011); https://www.neuroquantology.com/index.php/journal/article/view/486.
8. Sari M. Van Anders, Lori Brotto, Janine Farrell, and Morag Yule, "Associations Among Physiological and Subjective Sexual Response, Sexual Desire, and Salivary Steroid Hormones in Healthy Premenopausal Women," *The Journal of Sexual Medicine* 6, no. 3 (March 2009): 739–51; https://www.jsm.jsexmed.org/article/S1743-6095(15)32435-8/fulltext.
9. Navneet Magon and Sanjay Kalra, "The Orgasmic History of Oxytocin: Love, Lust, and Labor," *Indian Journal of Endocrinology and Metabolism* 15 suppl. 3 (September 2011): S156–61; https://www.ncbi.nlm.nih.gov/pmc/articles/PMC3183515/.
10. Margaret M. McCarthy, "Estrogen Modulation of Oxytocin and Its Relation to Behavior," *Advances in Experimental Medicine and Biology* 395 (1995): 235–45; https://www.researchgate.net/publication/14488327_Estrogen_modulation_of_oxytocin_and_its_relation_to_behavior.
11. Cindy M. Meston and Penny F. Frolich, "Update on Female Sexual Function," *Current Opinion in Urology* 11, no. 6 (November 2001): 603–09; https://journals.lww.com/co-urology/pages/articleviewer.aspx?year=2001&issue=11000&article=00008&type=abstract.

12. Case Western Reserve University, "Empathy Represses Analytic Thought, and Vice Versa: Brain Physiology Limits Simultaneous Use of Both Networks," ScienceDaily, October 30, 2012, https://www.sciencedaily.com/releases/2012/10/121030161416.htm.

13. Daniel L. Hilton, Jr., "Pornography Addiction—A Supranormal Stimulus Considered in the Context of Neuroplasticity," *Socioaffective Neuroscience & Psychology* 3 (July 19, 2013); https://www.ncbi.nlm.nih.gov/pmc/articles/PMC3960020/.

14. Aline Wéry and J. Billieux, "Online Sexual Activities: An Exploratory Study of Problematic and Non-problematic Usage Patterns in a Sample of Men," *Computers in Human Behavior* 56 (March 2016): 257–66; http://www.sciencedirect.com/science/article/pii/S0747563215302612.

15. Simone Kühn and Jürgen Gallinat, "Brain Structure and Functional Connectivity Associated with Pornography Consumption: The Brain on Porn," *JAMA Psychiatry* 71, no. 7 (2014): 827–34; https://jamanetwork.com/journals/jamapsychiatry/fullarticle/1874574.

16. Valerie Voon, Thomas B. Mole, Paula Banca, et al., "Neural Correlates of Sexual Cue Reactivity in Individuals with and Without Compulsive Sexual Behaviours," *PLOS One*, July 11, 2014; http://journals.plos.org/plosone/article?id=10.1371/journal.pone.0102419.

17. Norman Doidge, "Brain Scans of Porn Addicts: What's Wrong with This Picture?," *The Guardian*, September 26, 2013; https://www.theguardian.com/commentisfree/2013/sep/26/brain-scans-porn-addicts-sexual-tastes.

第 7 章 睡得好才能干得好

1. Scott LaFee, "Woman's Study Finds Longevity Means Getting Just Enough Sleep," UC San Diego, September 30, 2010; http://ucsdnews.ucsd.edu/archive/newsrel/health/09-30sleep.asp.

2. R. J. Reiter, "The Melatonin Rhythm: Both a Clock and a Calendar," *Experientia* 49, no. 8 (August 1993): 654–64; https://link.springer.com/article/10.1007/BF01923947.

3. Toru Takumi, Kouji Taguchi, Shigeru Miyake, et al., "A Light-Independent Oscillatory Gene *mPer3* in Mouse SCN and OVLT," *The EMBO Journal* 17, no. 16 (August 17, 1998): 4753–59; http://emboj.embopress.org/content/17/16/4753.long.

4. Ariel Van Brummelen, "How Blind People Detect Light," *Scientific American*, May 1, 2014; https://www.scientificamerican.com/article/how-blind-people-detect-light/.

5. Micha T. Maeder, Otto D. Schoch, and Hans Rickli, "A Clinical Approach to Obstructive Sleep Apnea as a Risk Factor for Cardiovascular Disease," *Vascular Health and Risk Management* 12 (2016): 85–103; https://www.dovepress.com/a-clinical-approach-to-obstructive-sleep-apnea-as-a-risk-factor-for-ca-peer-reviewed-article-VHRM.

6. Michael Tetley, "Instinctive Sleeping and Resting Postures: An Anthropological and Zoological Approach to Treatment of Low Back and Joint Pain," *The British Medical Journal* 321, no. 7276 (December 23, 2000): 1616–18; https://www.bmj.com/content/321/7276/1616.long.

7. Sydney Ross Singer, "Rest in Peace: How the Way You Sleep Can Be Killing You," Academia.edu, February 1, 2015; http://www.academia.edu/10739979/Rest_in_Peace_How_the_way_you_sleep_can_be_killing_you.

第 8 章 如何有效地锻炼身体

1. Liana S. Rosenthal and E. Ray Dorsey, "The Benefits of Exercise in Parkinson Disease," *JAMA Neurology* 70, no. 2 (February 2013): 156–57; https://jamanetwork.com/journals/jamaneurology/article-abstract/1389387.

2. Hayriye Çakir-Atabek, Süleyman Demir, Raziye D. Pinarbaşili, and Nihat Gündüz, "Effects of Different Resistance Training Intensity on Indices of Oxidative Stress," *Journal of Strength and Conditioning Research* 24, no. 9 (September 2010): 2491–98; https://insights.ovid.com/pubmed?pmid=20802287.

3. Ebrahim A. Shojaei, Adalat Farajov, and Afshar Jafari, "Effect of Moderate Aerobic Cycling on Some Systemic Inflammatory Markers in Healthy Active Collegiate Men," *International Journal of General Medicine* 4 (January 24, 2011): 79–84; https://www.dovepress.com/effect-of-moderate-aerobic-cycling-on-some-systemic-inflammatory-marke-peer-reviewed-article-IJGM.

4. Bharat B. Aggarwal, Shishir Shishodia, Santosh K. Sandur, et al., "Inflammation and Cancer: How Hot Is the Link?," *Biochemical Pharmacology* 72, no. 11 (November 30, 2006): 1605–21; https://www.sciencedirect.com/science/article/abs/pii/S0006295206003893. Dario Giugliano, Antonio Ceriello, and Katherine Esposito, "The Effects of Diet on Inflammation: Emphasis on the Metabolic Syndrome," *Journal of the American College of Cardiology* 48, no. 4 (August 15, 2006): 677–85; https://www.sciencedirect.com/science/article/pii/S0735109706013350?via%3Dihub.

5. Farnaz Seifi-skishahr, Arsalan Damirchi, Manoochehr Farjaminezhad, and Parvin Babaei, "Physical Training Status Determines Oxidative Stress and Redox Changes in Response to an Acute Aerobic Exercise," *Biochemistry Research International* 2016, 9 pages; https://www.hindawi.com/journals/bri/2016/3757623/.

6. Lanay M. Mudd, Willa Fornetti, and James M. Pivarnik, "Bone Mineral Density in Collegiate Female Athletes: Comparisons Among Sports," *Journal of Athletic Training* 42, no. 3 (July–September 2007): 403–08; https://www.ncbi.nlm.nih.gov/pmc/articles/PMC1978462/.

7. "Preserve Your Muscle Mass," Harvard Men's Health Watch, February 2016; https://www.health.harvard.edu/staying-healthy/preserve-your-muscle-mass.

第 9 章　如何才能吃得对

1. Begoña Cerdá, Margarita Pérez, Jennifer D. Pérez-Santiago, et al., "Gut Microbiota Modification: Another Piece in the Puzzle of the Benefits of Physical Exercise in Health?," *Frontiers in Physiology* 7 (February 18, 2016): 51. https://www.frontiersin.org/articles/10.3389/fphys.2016.00051/full.
2. Mehrbod Estaki, Jason Pither, Peter Baumeister, et al., "Cardiorespiratory Fitness as a Predictor of Intestinal Microbial Diversity and Distinct Metagenomic Functions," *Microbiome* 4 (2016): 42; https://microbiomejournal.biomedcentral.com/articles/10.1186/s40168-016-0189-7.
3. Tian-Xing Liu, Hai-Tao Niu, and Shu-Yang Zhang, "Intestinal Microbiota Metabolism and Atherosclerosis," *Chinese Medical Journal* 128, no. 20 (2015): 2805–11; http://www.cmj.org/article.asp?issn=0366-6999;year=2015;volume=128;issue=20;spage=2805;epage=2811;aulast=Liu.

第 10 章　从现在开始，行动起来

1. "Temperature Rhythms Keep Body Clocks in Sync," ScienceDaily, October 15, 2010; https://www.sciencedaily.com/releases/2010/10/101014144314.htm.

第 11 章　快乐从何处来

1. Daniel Kahneman and Angus Deaton, "High income improves evaluation of life but not emotional well-being," *Proceedings of the National Academy of Sciences of the United States of America* 107, no. 38 (September 21, 2010): 16489–93; http://www.pnas.org/content/107/38/16489.
2. Shawn Achor, "Positive Intelligence," *Harvard Business Review*, January–February 2012; https://hbr.org/2012/01/positive-intelligence. Sonja Lyubomirsky, Laura King, and Ed Diener, "The Benefits of Frequent Positive Affect: Does Happiness Lead to Success?," *Psychological Bulletin* 131, no. 6 (November 2005): 803–55; https://www.apa.org/pubs/journals/releases/bul-1316803.pdf.
3. Michael Como, "Do Happier People Make More Money? An Empirical Study of the Effect of a Person's Happiness on Their Income," *The Park Place Economist* 19, no. 1 (2011); https://www.iwu.edu/economics/PPE19/1Como.pdf.

第 12 章　打造你的"关系网"

1. "Genes Play a Role in Empathy," *ScienceDaily*, March 12, 2018; https://www.sciencedaily.com/releases/2018/03/180312085124.htm.
2. Mackenzie Hepker, "Effect of Oxytocin Administration on Mirror Neuron Activation," *Sound Ideas*, University of Puget Sound, Summer 2013; https://soundideas.pugetsound.edu/cgi/viewcontent.cgi?article=1267&context=summer_research.
3. Kathy Caprino, "Is Empathy Dead? How Your Lack of Empathy Damages Your Reputation and Impact as a Leader," *Forbes*, June 8, 2016; https://www.forbes.com/sites/kathycaprino/2016/06/08/is-empathy-dead-how

-your-lack-of-empathy-damages-your-reputation-and-impact-as-a-leader /#429c3d353167.

4. James H. Fowler and Nicholas A. Christakis, "Dynamic Spread of Happiness in a Large Social Network: Longitudinal Analysis over 20 Years in the Framingham Heart Study," *The British Medical Journal* 337 (December 4, 2008): a2338; https://www.bmj.com/content/337/bmj.a2338.
5. Ed Diener and Martin E. P. Seligman, "Very Happy People," *Psychological Science* 13, no. 1 (January 1, 2002): 81–84; http://journals.sagepub.com /doi/abs/10.1111/1467-9280.00415#articleCitationDownloadContainer.
6. "Are We Happy Yet?," Pew Research Center, February 13, 2006; http:// www.pewsocialtrends.org/2006/02/13/are-we-happy-yet/.

第 13 章　冥想让你的大脑更清醒

1. Michael A. Tansey, "Wechsler (WISC-R) Changes Following Treatment of Learning Disabilities via EEG Biofeedback Training in a Private Practice Setting," *Australian Journal of Psychology* 43, no. 3 (December 1991): 147–53; https://onlinelibrary.wiley.com/doi/abs/10.1080/00049539108260139, reported improvements averaging 19.75 points on the WISC-R Full Scale IQ score for twenty-four children with "neurological or perceptual impairments or attention deficit disorder." Using a random assignment wait list control design, Michael Linden, Thomas Habib, and Vesna Radojevic, "A Controlled Study of the Effects of EEG Biofeedback on Cognition and Behavior of Children with Attention Deficit Disorder and Learning Disabilities," *Biofeedback and Self-regulation* 21, no. 1 (March 1996): 35–49; https://link.springer.com/article/10.1007/BF02214148, reported that the eighteen participants who received EEG biofeedback showed a statistically significant gain of 9 points on the K-Bit IQ Composite. Joel F. Lubar, Michie Odle Swartwood, Jeffery N. Swartwood, and Phyllis H. O'Donnell, "Evaluation of the Effectiveness of EEG Neurofeedback Training for ADHD in a Clinical Setting as Measured by Changes in T.O.V.A. Scores, Behavioral Ratings, and WISC-R Performance," *Biofeedback and Self-regulation* 20, no. 1 (March 1995): 83–99; https://link.springer.com/article/10.1007 /BF01712768, reported gains averaging 9.7 points for twenty-three children. Siegfried Othmer, Susan F. Othmer, and David A. Kaiser, "EEG Biofeedback: Training for AD/HD and Related Disruptive Behavior Disorders," in *Understanding, Diagnosing, and Treating AD/HD in Children and Adolescents*, ed. James A. Incorvaia, Bonnie S. Mark-Goldstein, and Donald Tessmer (Northvale, NJ: Aronson, 1999), 235–96, reported an average gain of 23.5 points with a sample of fifteen children. L. Thompson and M. Thompson, "Neurofeedback Combined with Training in Metacognitive Strategies: Effectiveness in Students with ADD," *Applied Psychophysiology and Biofeedback* 23, no. 4 (December 1998): 243–63; https://link.springer.com /article/10.1023%2FA%3A1022213731956, reported ninety-eight children gaining an average of 12 points. Thomas Fuchs, Niels Birbaumer, Werner Lutzenberger, et al., "Neurofeedback Treatment for Attention-Deficit/ Hyperactivity Disorder in Children: A Comparison with Methylphenidate,"

Applied Psychophysiology and Biofeedback 28, no. 1 (March 2003): 1–12; https://link.springer.com/article/10.1023/A:1022353731579, reported an improvement of only 4 points in a study of twenty-two children. See also Joel F. Lubar, "Neurofeedback for the Management of Attention-Deficit/Hyperactivity Disorders," in *Biofeedback: A Practitioner's Guide*, 2nd ed., ed. Mark S. Schwartz (New York: Guilford, 1995), 493–522. Vincent J. Monastra, Donna M. Monastra, and Susan George, "The Effects of Stimulant Therapy, EEG Biofeedback, and Parenting Style on the Primary Symptoms of Attention-Deficit/Hyperactivity Disorder," *Applied Psychophysiology and Biofeedback* 27, no. 4 (December 2002): 231–49; https://link.springer.com/article/10.1023/A:1021018700609. John K. Nash, "Treatment of Attention Deficit Hyperactivity Disorder with Neurotherapy," *Clinical Electroencephalography* 31, no. 1 (January 2000): 30–37; http://journals.sagepub.com/doi/pdf/10.1177/155005940003100109. Siegfried Othmer, Susan F. Othmer, and Clifford S. Marks, "EEG Biofeedback Training for Attention Deficit Disorder, Specific Learning Disabilities, and Associated Conduct Problems," January 1992; https://www.researchgate.net/publication/252060569_EEG_Biofeedback_Training_for_Attention_Deficit_Disorder_Specific_Learning_Disabilities_and_Associated_Conduct_Problems.

第 14 章 在阳光下尽情玩耍吧

1. Laken C. Woods, Gregory W. Berbusse, and Kari Naylor, "Microtubules Are Essential for Mitochondrial Dynamics—Fission, Fusion, and Motility—in *Dictyostelium discoideum*," *Frontiers in Cell and Developmental Biology* 4 (2016): 19; https://www.ncbi.nlm.nih.gov/pmc/articles/PMC4801864/.
2. Hidemasa Torii, Toshihide Kurihara, Yuko Seko, et al., "Violet Light Exposure Can Be a Preventive Strategy Against Myopia Progression," *EBioMedicine* 15 (2017): 210–19; https://www.ebiomedicine.com/article/S2352-3964(16)30586-2/fulltext.
3. S. C. Gominak and W. E. Stumpf, "The World Epidemic of Sleep Disorders Is Linked to Vitamin D Deficiency," *Medical Hypotheses* 79, no. 2 (August 2012): 132–35; https://www.medical-hypotheses.com/article/S0306-9877(12)00150-8/fulltext.
4. Sherri Melrose, "Seasonal Affective Disorder: An Overview of Assessment and Treatment Approaches," *Depression Research and Treatment*, 2015, 6 pages; https://www.hindawi.com/journals/drt/2015/178564/.
5. Raymond W. Lam, Anthony J. Levitt, Robert D. Levitan, et al., "The Can-SAD Study: A Randomized Controlled Trial of the Effectiveness of Light Therapy and Fluoxetine in Patients With Winter Seasonal Affective Disorder," *The American Journal of Psychiatry* 163, no. 5 (May 2006): 805–12; https://ajp.psychiatryonline.org/doi/abs/10.1176/ajp.2006.163.5.805.
6. Sokichi Sakuragi and Yoshiki Sugiyama, "Effects of Daily Walking on Subjective Symptoms, Mood and Autonomic Nervous Function," *Journal of Physiological Anthropology* 25, no. 4 (2006): 281–89; https://www.jstage.jst.go.jp/article/jpa2/25/4/25_4_281/_article.

7. Ibid.
8. Marc G. Berman, Ethan Kross, Katherine M. Krpan, et al., "Interacting with Nature Improves Cognition and Affect for Individuals with Depression," *Journal of Affective Disorders* 140, no. 3 (November 2012): 300–05; http://www.natureandforesttherapy.org/uploads/8/1/4/4/8144400/nature_improves_mood_and_cognition_in_depressive_patients.pdf.

第 15 章　保持一颗感恩的心

1. Stephen W. Porges, "The Polyvagal Theory: New Insights into Adaptive Reactions of the Autonomic Nervous System," *Cleveland Clinic Journal of Medicine* 76 suppl. 2 (2009): S86–90; https://www.ncbi.nlm.nih.gov/pmc/articles/PMC3108032/.